學會基本技巧就能變化出無限可能

幸運繩帶編織112款

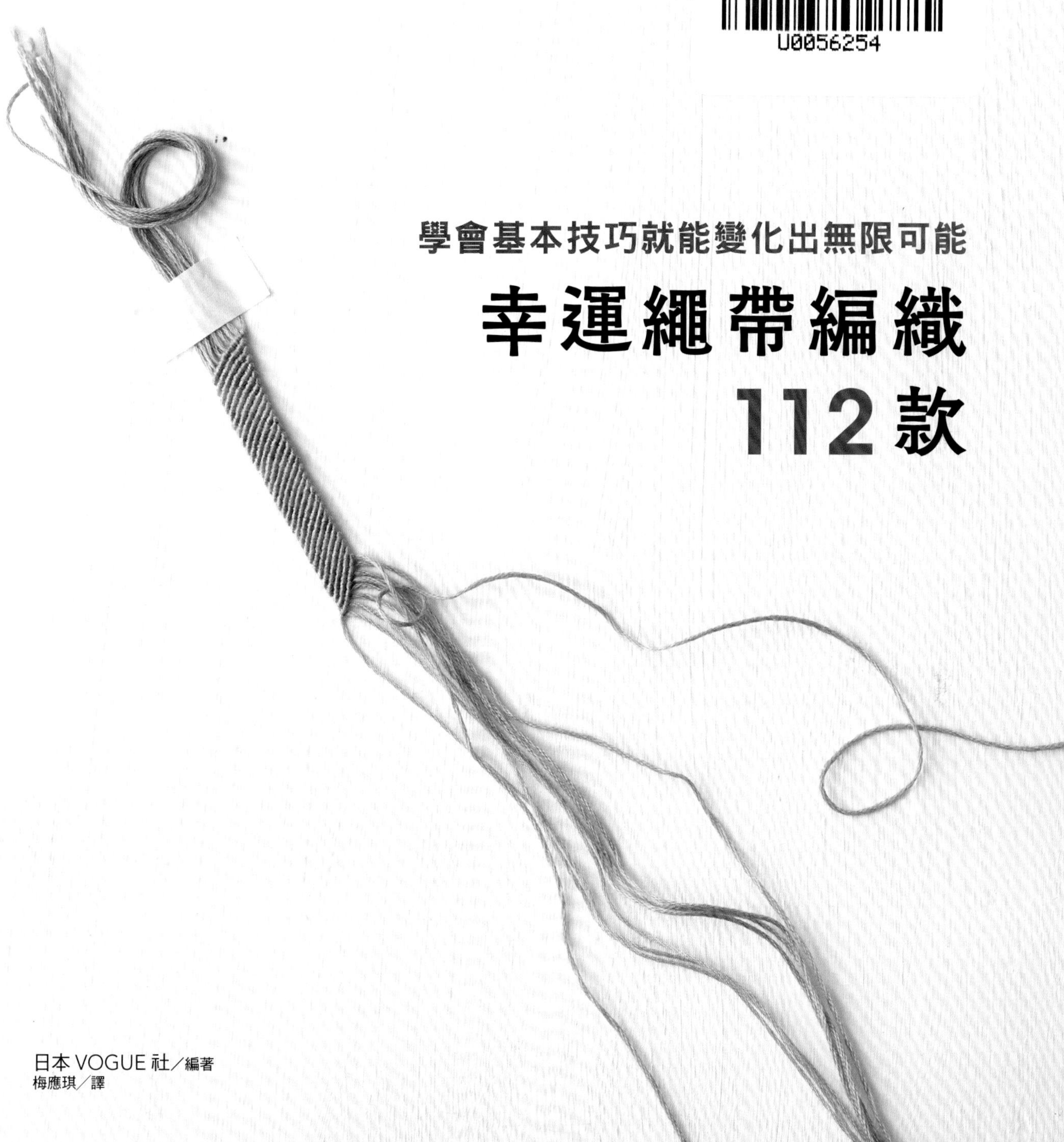

日本 VOGUE 社／編著
梅應琪／譯

CONTENTS

MISANGA

◎作品頁中，會以★表示製作的難易度。
★～★★的作品，初學者也OK。
★★★以上，請等到熟練編法之後再挑戰。

◎做法頁中所標示的線長與尺寸，是製作該作品時的標準長度（尺寸），實際使用的線長或成品尺寸會因編織時的狀況而有所改變。

幸運繩的基本編織技巧

開始動手編幸運繩之前，先來熟悉基本技巧吧！

材料與工具

①25號繡線
這是最常用的繡線，顏色種類也很豐富，一束的長度有8m。

②圓頭夾
用來夾住繡線前端固定。

③透明膠帶
將繡線固定在工作台上。

④剪刀
用來剪斷繡線。

⑤錐子
編錯的時候可以用錐子解開結。

⑥捲尺
測量繡線的長度。

⑦直尺
可以測量繡線的長度，或幸運繩的尺寸。

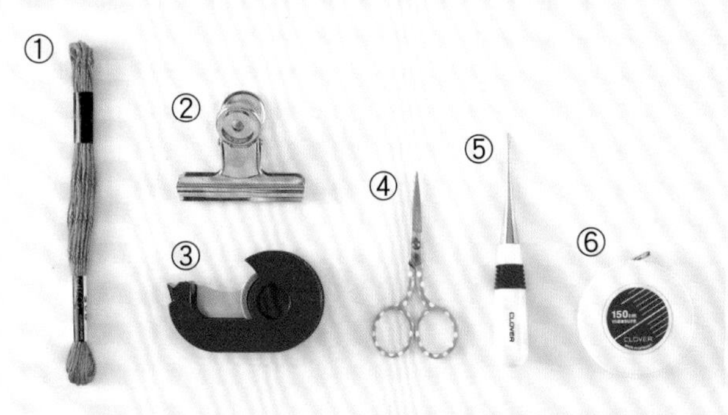

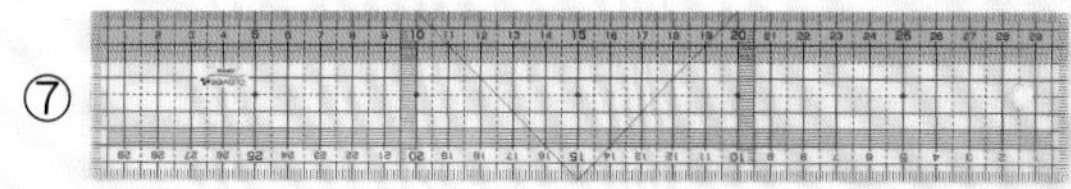

錐子、捲尺、直尺／Clover

使用方法

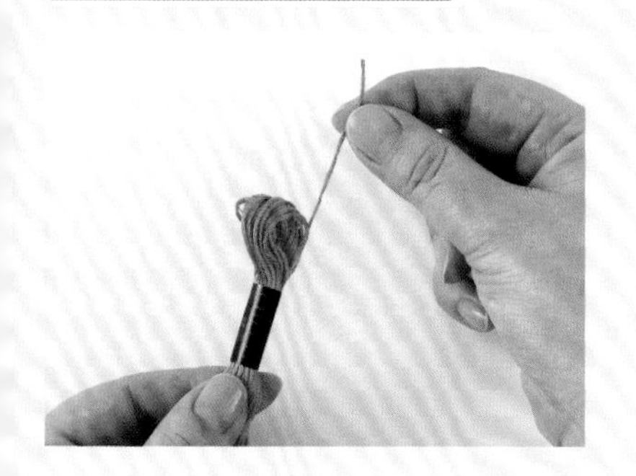

繡線

捏住線的前端，將線拉出來。這裡所使用的線，是將6條細線捻成1條。

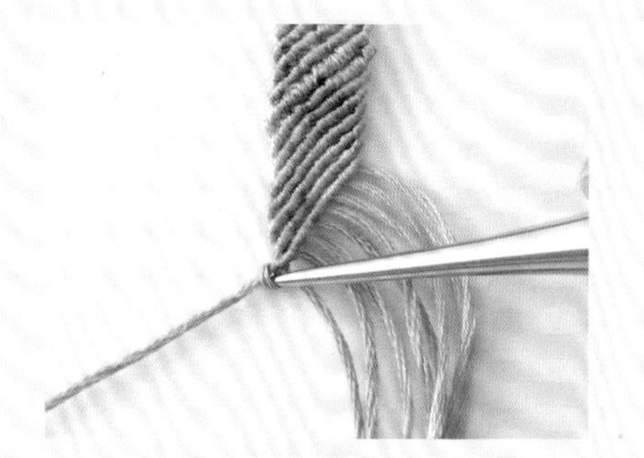

錐子

將錐子尖端插入編錯的結裡，就可以把結鬆開。

幸運繩的正面與背面

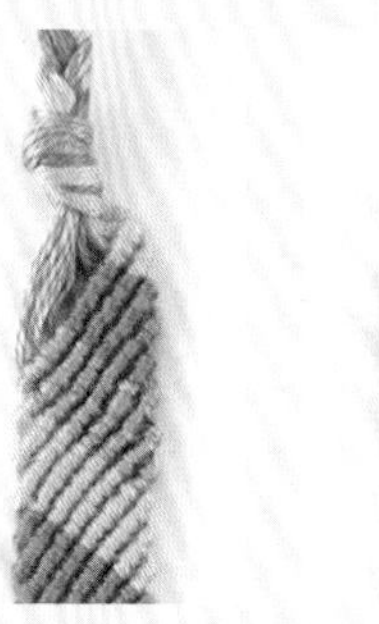

正面

背面

本書中的編法示意圖，是將紋路那一面朝向外側。配戴幸運繩時，當然也可以將結目明顯的背面朝外。

關於圖示

編織方法的圖示中，以圓形代表結目，連接圓形的線是軸心線，在圓形旁邊不相連的線是編線。

斜向橫捲結
（軸心線由右上到左下）
►P.6

斜向橫捲結
（軸心線由左上到右下）
►P.14

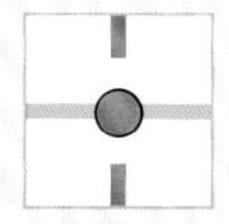

橫捲結
►P.36、37

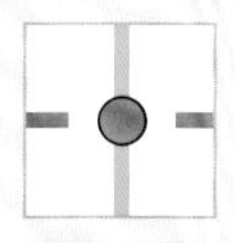

縱捲結
►P.40、41

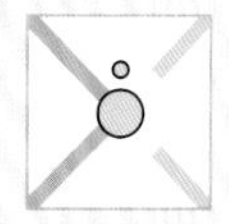

右雀頭結
►P.15

左雀頭結
►P.15

斜向橫捲結

01

斜向花樣

這是使用幸運繩最基本的編法「斜向橫捲結」編成的。如果是第一次編幸運繩，就從這裡開始吧！

01 斜向花樣

Level ★☆☆☆☆

［材料］
Cosmo 25號繡線
A ●：薄荷綠（897）100cm×3條
B ●：桃紅色（835）100cm×3條
C ●：薰衣草紫（262）100cm×3條

［成品尺寸］
長度約30cm

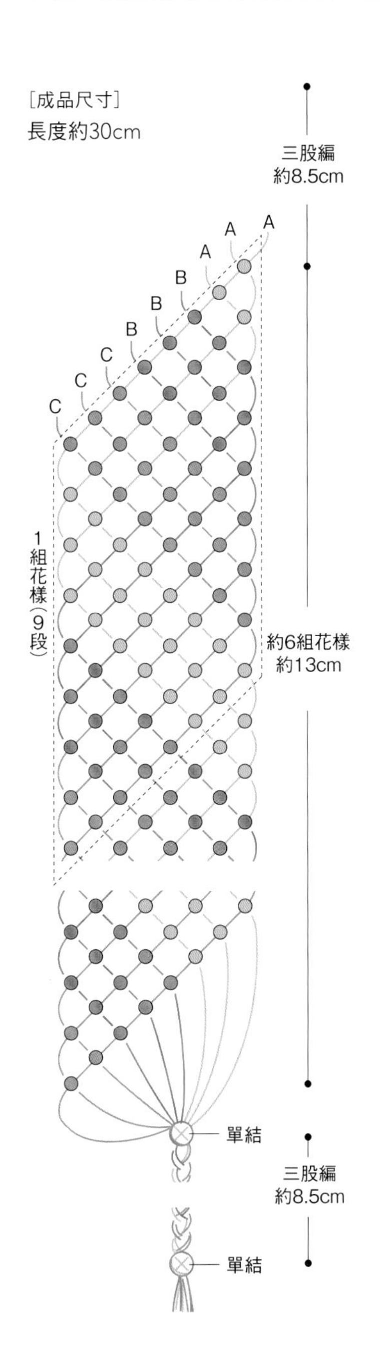

斜向橫捲結的圖示　軸心線由右上往左下

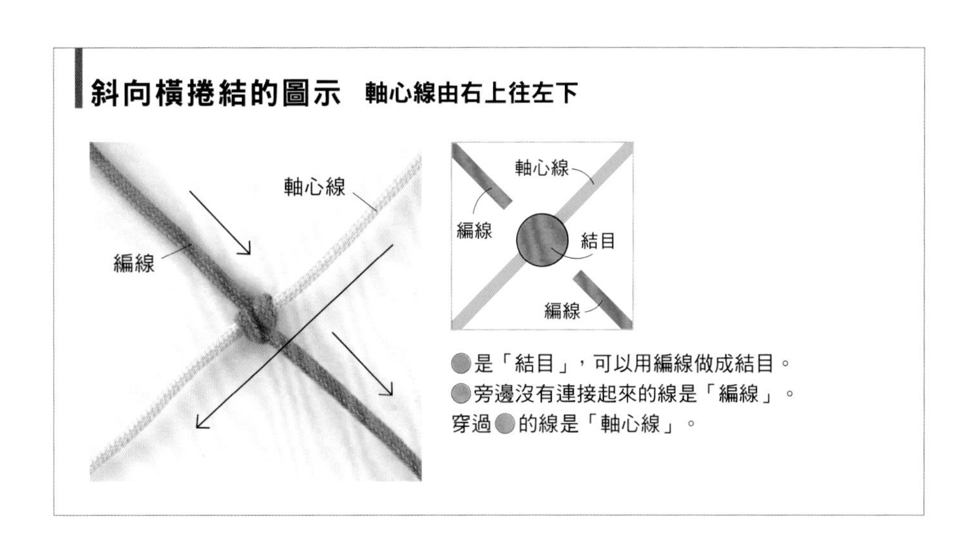

●是「結目」，可以用編線做成結目。
●旁邊沒有連接起來的線是「編線」。
穿過●的線是「軸心線」。

開始編織　※為使編法更清楚且容易明瞭，這裡用的是粗繩。

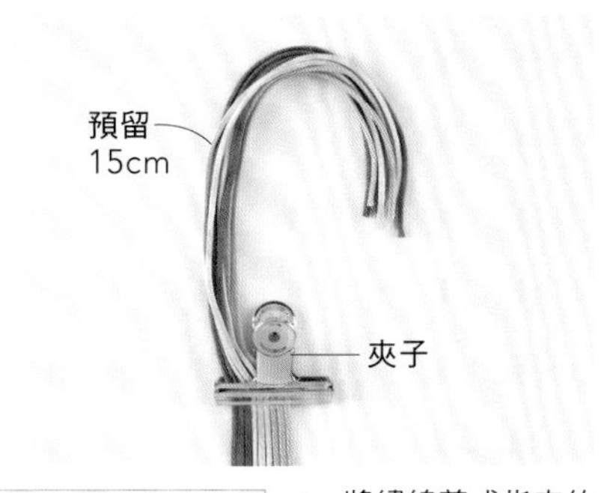

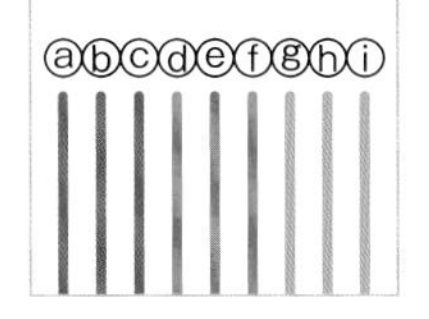

1 將繡線剪成指定的長度，按照配色順序排列，以夾子固定。線的兩端會編成三股編，因此要各預留15cm。

2 用膠帶固定在工作台上，以方便編織。

編第1段

編織斜向橫捲結（軸心線由右上到左下）

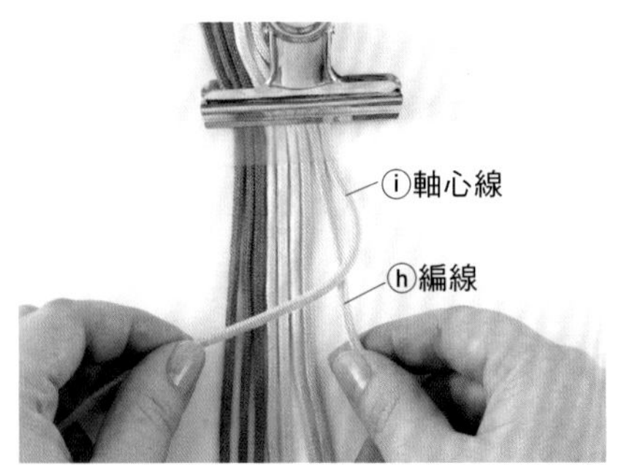

3 以最右邊的線為軸心線，軸心線左邊的線為編線。右手捏住編線，左手抓住軸心線，像是要把軸心線放在編線上。

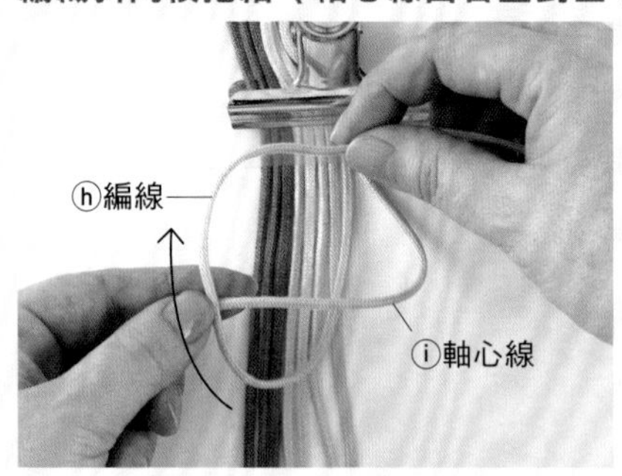

4 將編線拉到軸心線上方，並在軸心線與編線之間做出一個環。

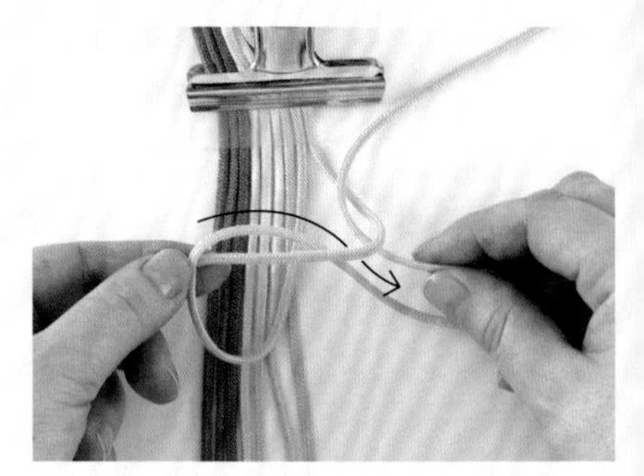

5 將編線穿入環中，往自己的方向拉出來。

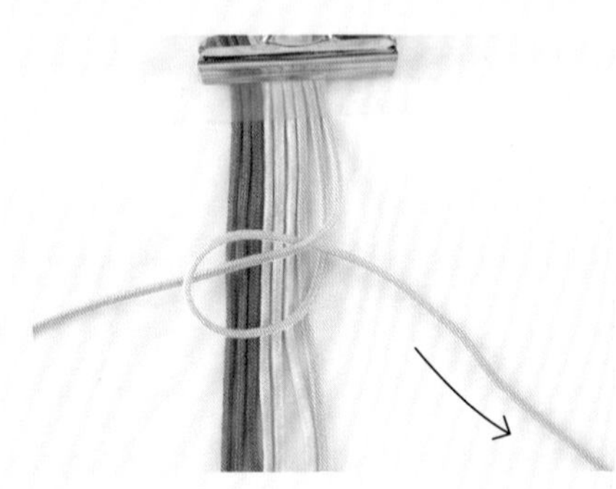

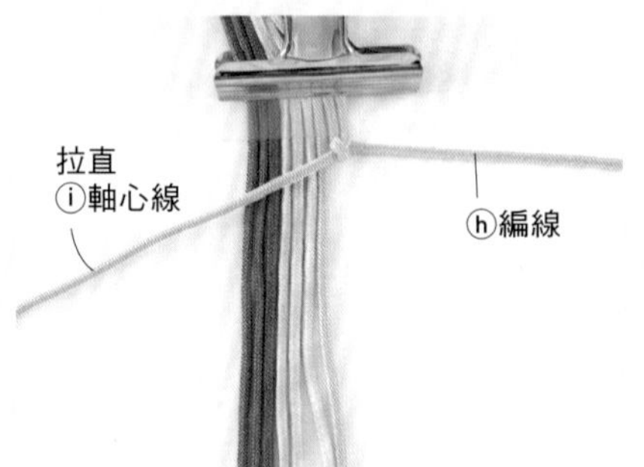

6 一面拉直左手的軸心線，一面慢慢收緊編線。

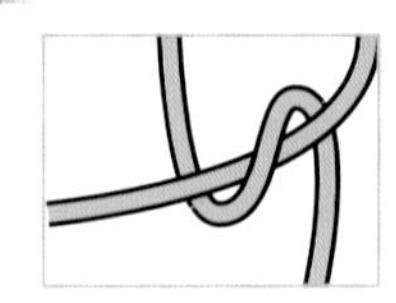

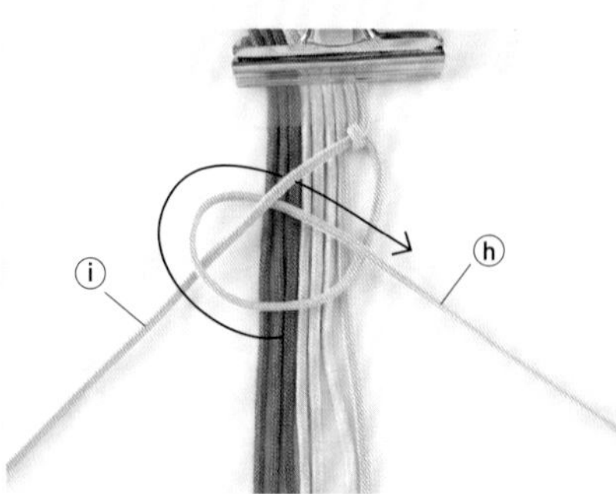

7 重複4～6，把右手的編線繞過軸心線做出環，再穿過環拉出。

8 一面拉直左手的軸心線，一面慢慢收緊編線。如此便做出第1個「斜向橫捲結」了。

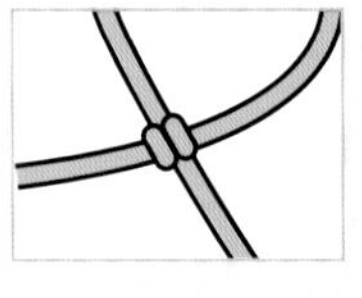

9 再來編第2個結，左手的軸心線不變，右手拿的編線改為ⓖ。同樣重複4～8編出繩結。

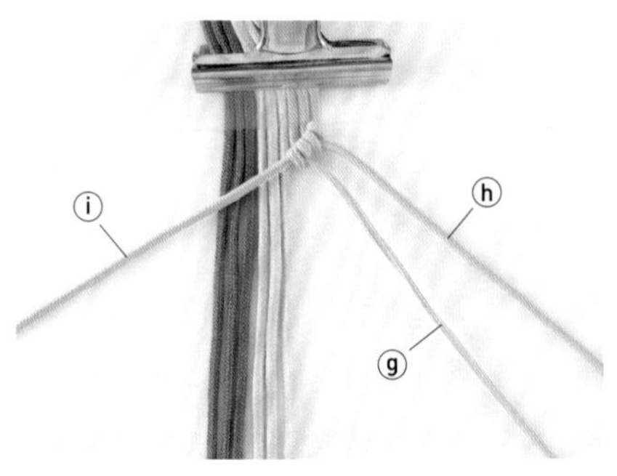

10 完成第2個結。收緊編線時要用相同的力道，編出的結目才會排得整齊漂亮。

編第2段

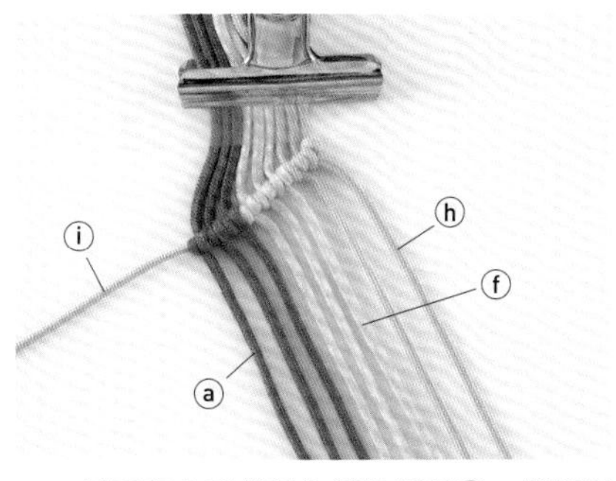

11 接下來左手的軸心線依然是ⓘ，編線則依序從ⓕ編到ⓐ。如此就完成第1段的8個結目。

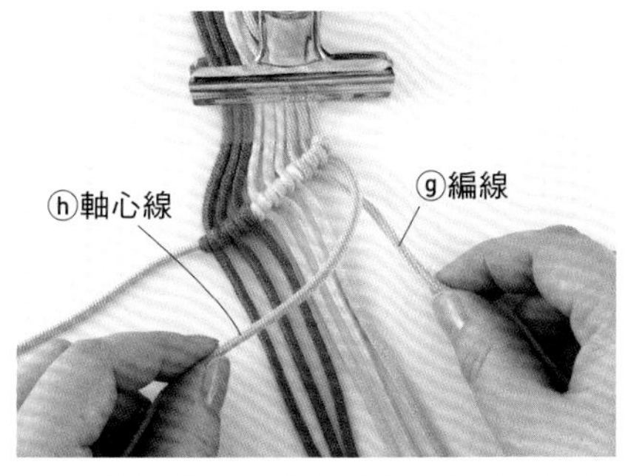

12 編第2段時，軸心線換成最右邊的ⓗ線。用左手拿著軸心線，像要放在編線ⓖ上方似地，重複4～8，編出繩結。

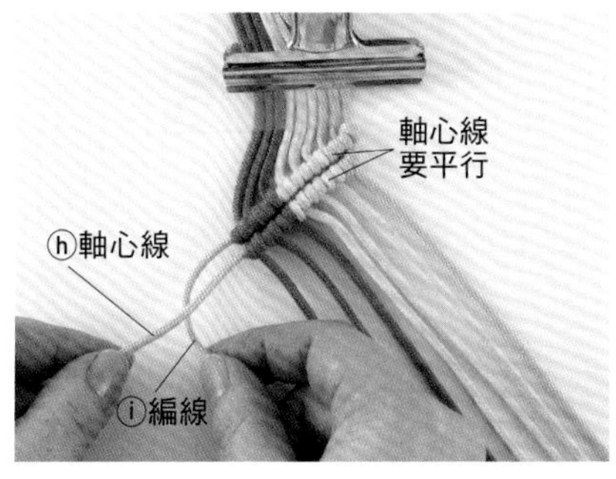

13 將編線ⓖ～ⓐ依序編織，最後以最左邊的ⓘ（第1段的軸心線）為編線再編一個結。編織的時候，軸心線要與上一段斜向橫捲結平行。

第3段之後

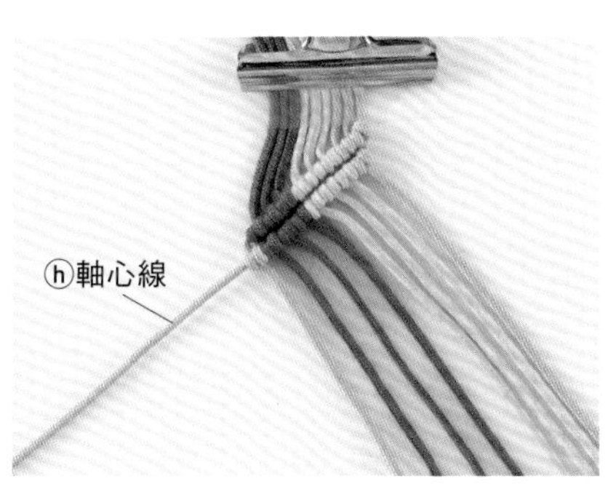

14 編好第2段了。換軸心線ⓗ來到最左邊。

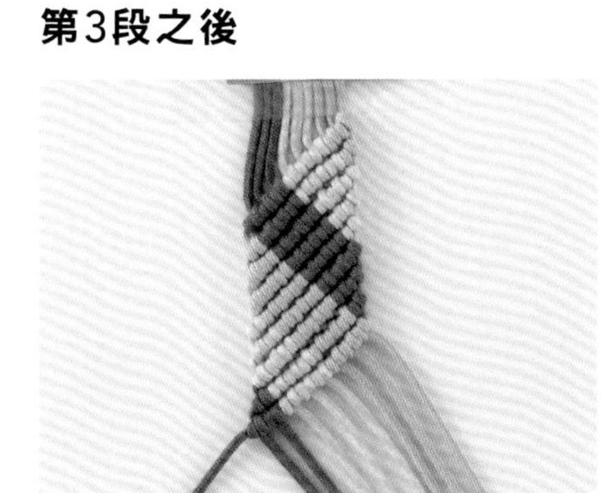

15 把最右邊的線當做軸心線一段一段編下來，就會變成三色條紋。如果結目的編線排列的相當平整就沒有問題。

NG

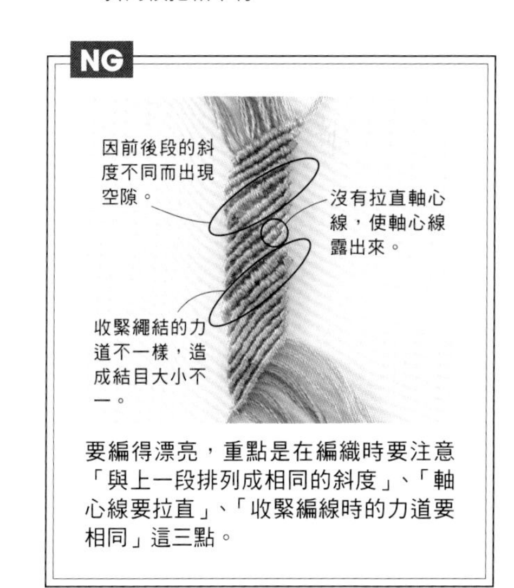

要編得漂亮，重點是在編織時要注意「與上一段排列成相同的斜度」、「軸心線要拉直」、「收緊編線時的力道要相同」這三點。

收尾

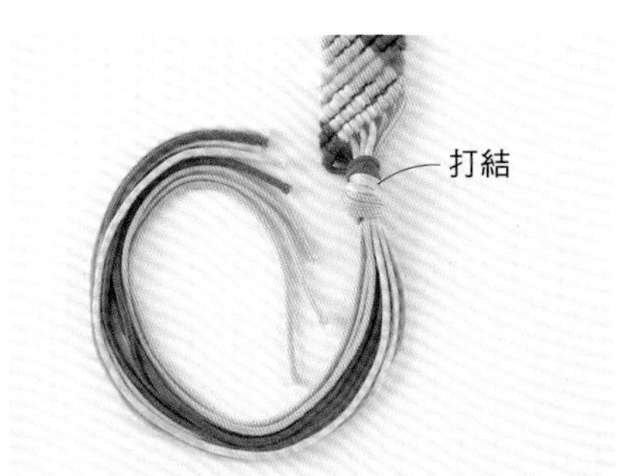

16 編好需要的長度（13cm）後，打單結把所有的線束起來。

17 將9條線分成3等分，編成8.5cm長的三股編。

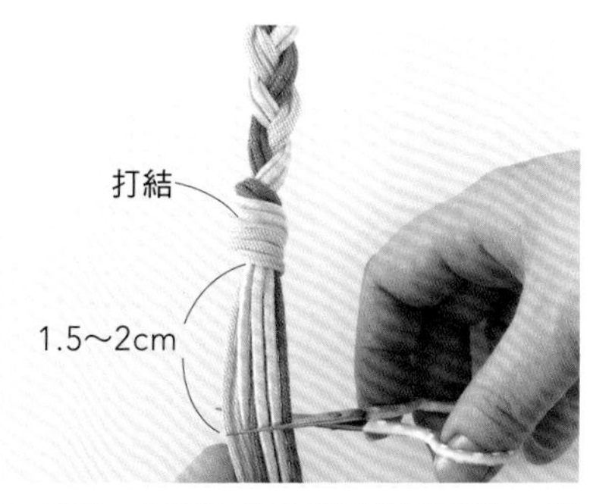

18 再打一個單結把全部的線束起來，剪齊。將幸運繩從桌上拿起，在編織起始處，按照16～18編成三股編，就完成了。

02

Level ★☆☆☆☆

[成品尺寸]
長度約31cm

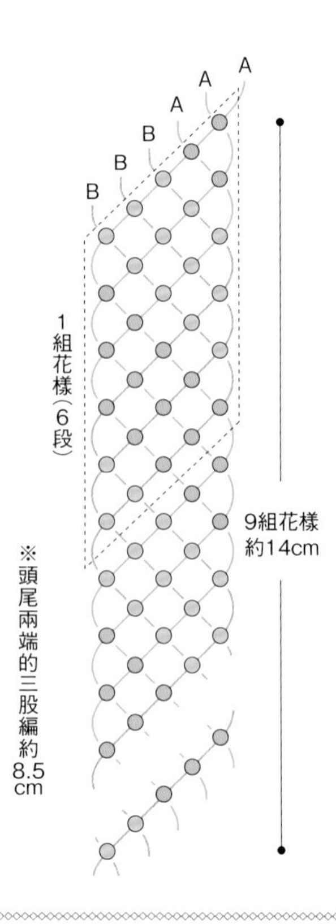

[材料]
Cosmo 25號繡線
A ●：薄荷綠（897）100cm×3條
B ●：檸檬黃（299）100cm×3條

03

Level ★☆☆☆☆

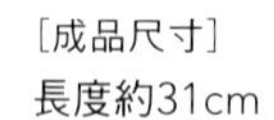

[成品尺寸]
長度約31cm

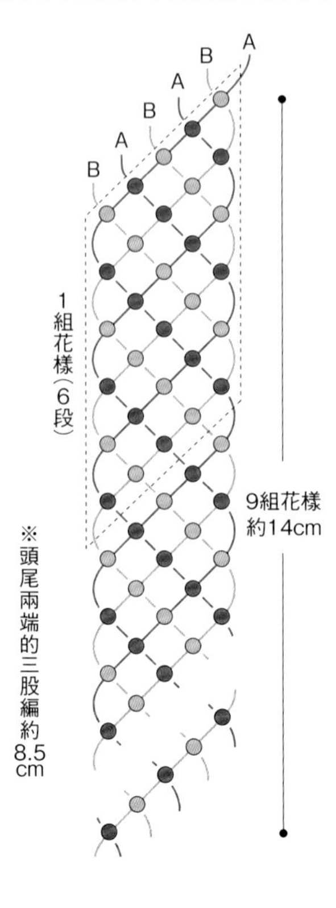

[材料]
Cosmo 25號繡線
A ●：深粉紅色（2115）100cm×3條
B ●：米色（365）100cm×3條

04

Level ★☆☆☆☆

［材料］
Cosmo 25號繡線
A ●：米色（365）100cm×2條
B ●：檸檬黃（299）100cm×6條

［成品尺寸］
長度約30.5cm

B B B A B B B A

1組花樣（8段）

7組花樣
約13.5cm

※頭尾兩端的三股編約8.5cm

05

Level ★☆☆☆☆

［材料］
Cosmo 25號繡線
A ●：薄荷綠（897）100cm×2條
B ●：薰衣草紫（262）100cm×4條

［成品尺寸］
長度約31cm

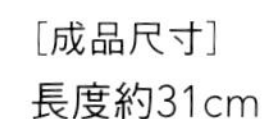

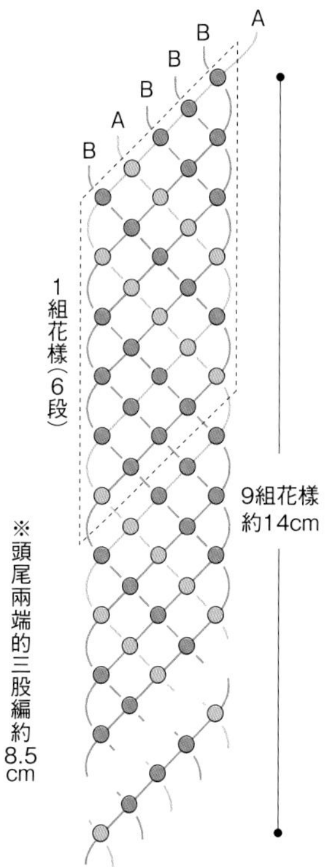

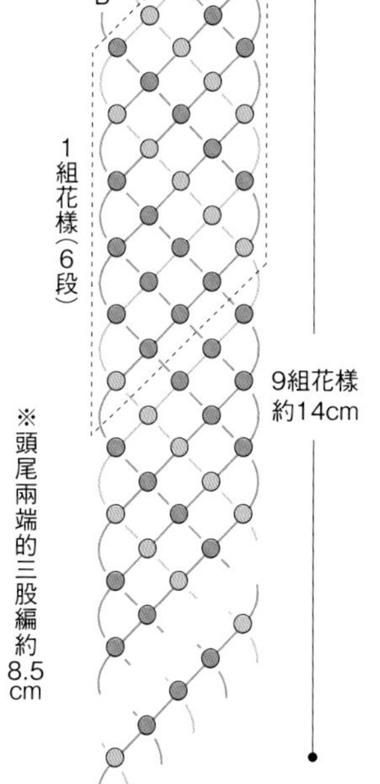

06

Level ★☆☆☆☆

［材料］

Cosmo 25號繡線

A ●：深薄荷綠（898）100cm×3條

B ●：米灰色（382）100cm×3條

C ●：淺粉紅色（104）100cm×3條

07

Level ★☆☆☆☆

［材料］

Cosmo 25號繡線

A ●：翡翠綠（335）100cm×1條

B ●：灰藍色（733）100cm×6條

C 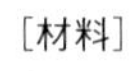：深灰茶色（716）100cm×1條

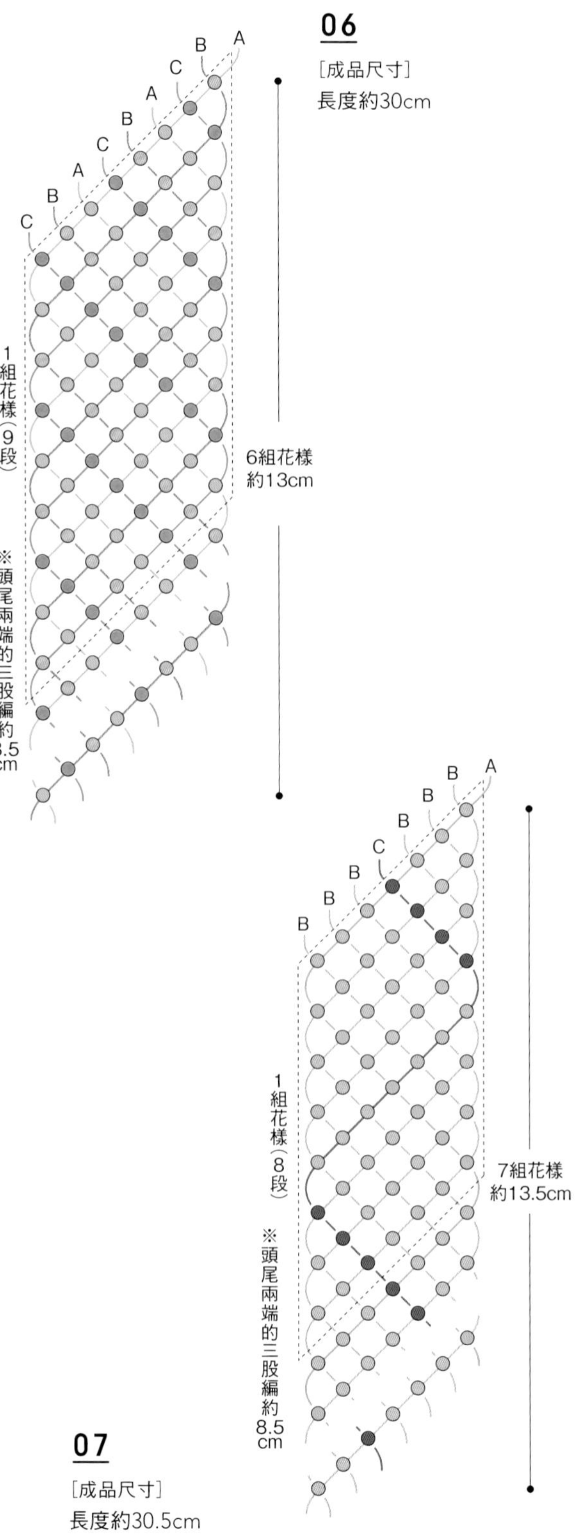

08

Level ★☆☆☆☆

［材料］
Cosmo 25號繡線
A ●：深灰茶色（716）100cm×2條
B ●：灰紺色（735）100cm×2條
C ●：深鮭魚紅（462）100cm×5條

09

Level ★☆☆☆☆

［材料］
Cosmo 25號繡線
A ●：深薄荷綠（898）100cm×2條
B ●：淺粉紅色（104）100cm×2條
C ○：淺薄荷綠（333）100cm×5條

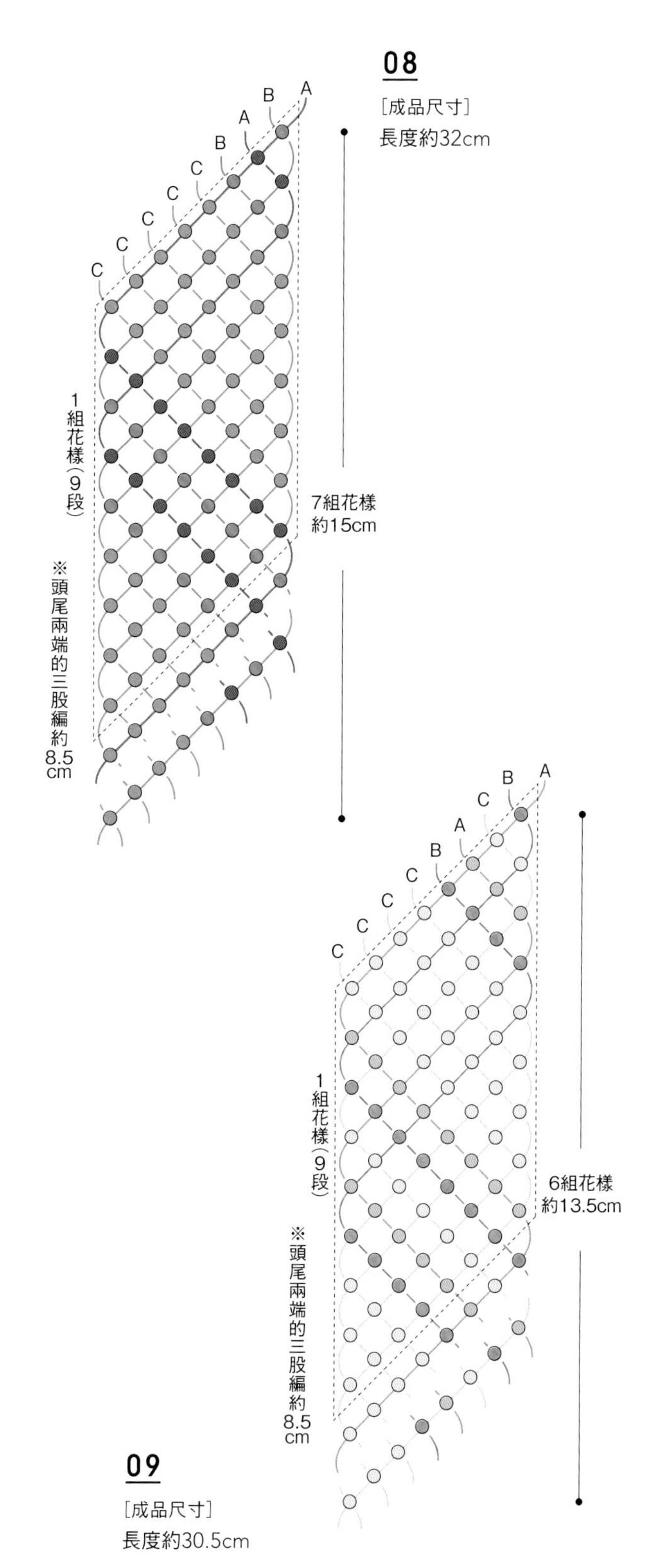

10

V字花樣

從中心往外側，以先編左側再編右側的順序編織斜向橫捲結，就會形成V字花樣。

10 V字花樣

Level ★★☆☆☆

[材料]

Olympus 25號繡線

A ●：橘色（174）100cm×2條

B ●：萵苣綠（243）100cm×2條

C ●：淺綠色（253）100cm×2條

[成品尺寸]

長度約30cm

三股編
約8.5cm

A A
B B
C C

① ② ④ ③ ⑥ ⑤ ⑦ ⑨ ⑧ ⑪ ⑩ ⑫ ⑭ ⑬ ⑮

1組花樣（3段）

約17組花樣
約13cm

單結

三股編
約8.5cm

單結

斜向橫捲結的圖示 軸心線由左上往右下

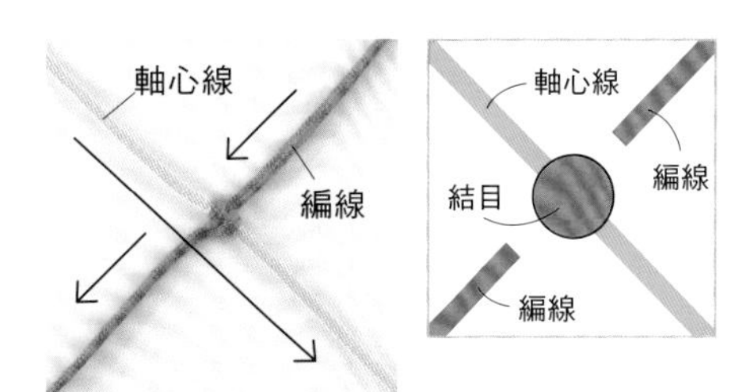

●是「結目」，可以用編線做成結目。
●旁邊沒有連接起來的線是「編線」。
穿過●的線是「軸心線」。

開始編織

※為使編法更清楚且容易明瞭，
這裡用的是粗繩。

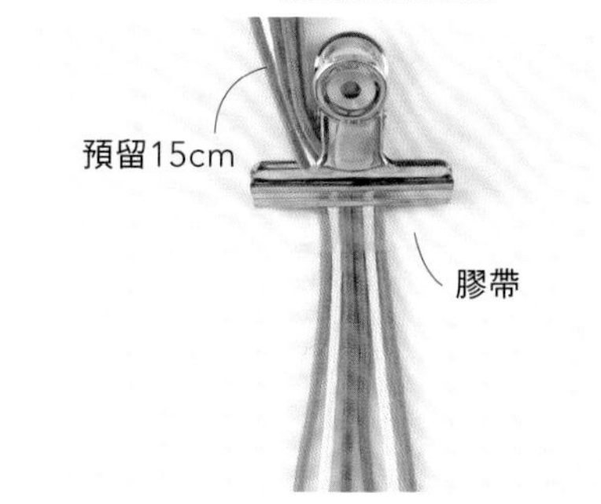

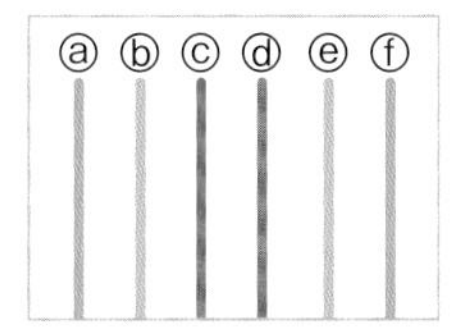

1 將繡線剪成指定的長度，按照配色順序排好，以夾子與膠帶固定。幸運繩的兩端會編成三股編，因此要預留15cm。

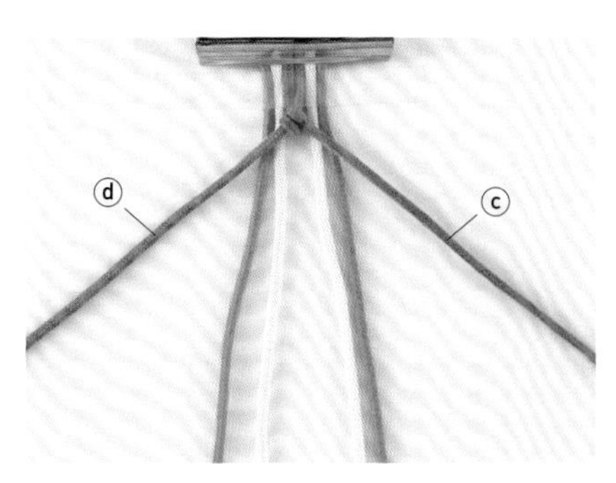

3 編好第1個結目。

編第1段

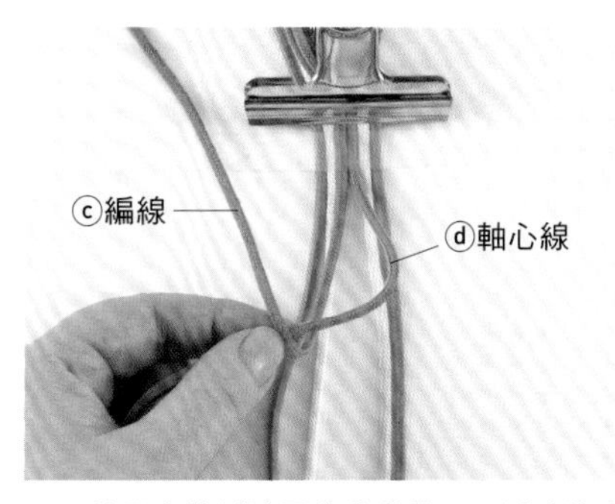

2 按照左邊編法圖的①②③……編號依序編出結目，要從中心開始編。左手拿著軸心線ⓓ，將軸心線放在上方，編織「斜向橫捲結」（P.6 **4～8**）。

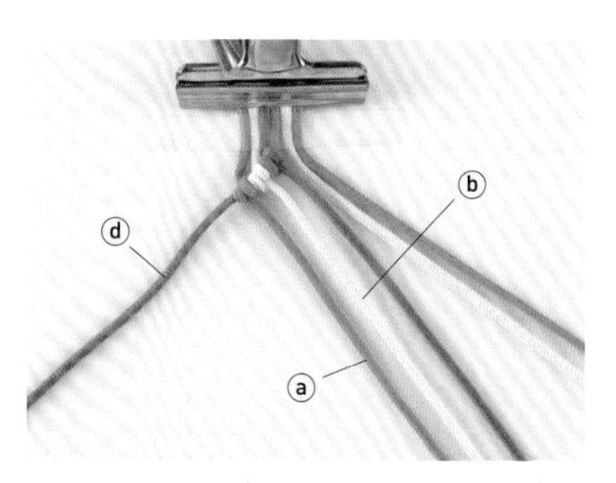

4 接著繼續以ⓓ為軸心線，編完編線ⓑ之後再編ⓐ，就完成了左邊的3個結目。

斜向橫捲結（軸心線由左上往右下）

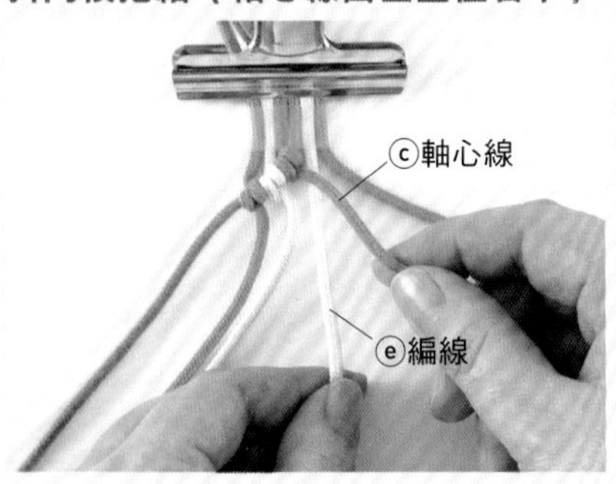

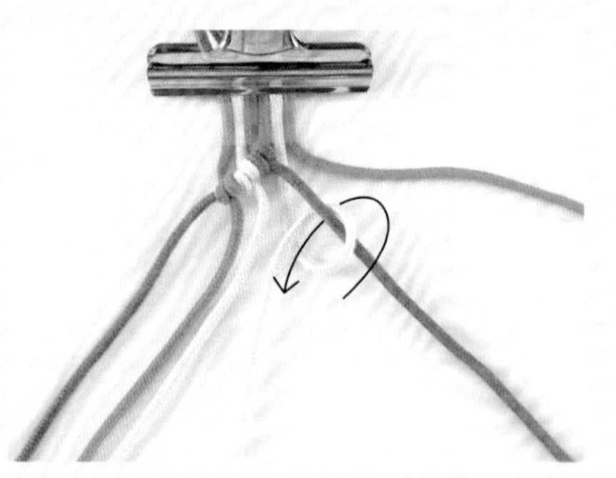

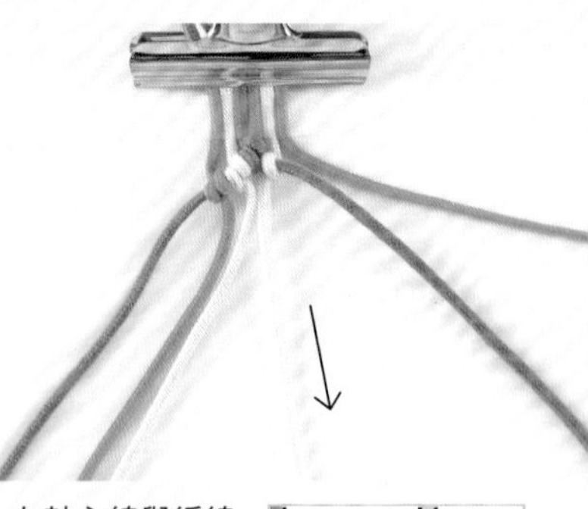

5 第4、5個結目是往右下方編織。以ⓒ為軸心線，其右邊的ⓔ為編線。用右手像是要拉起來似地拿著ⓒ，左手拿著ⓔ。

6 將編線繞到軸心線上，在軸心線與編線之間做出一個環，並將編線穿過環往自己的方向拉出來。拉直右手的軸心線，慢慢縮緊編線。

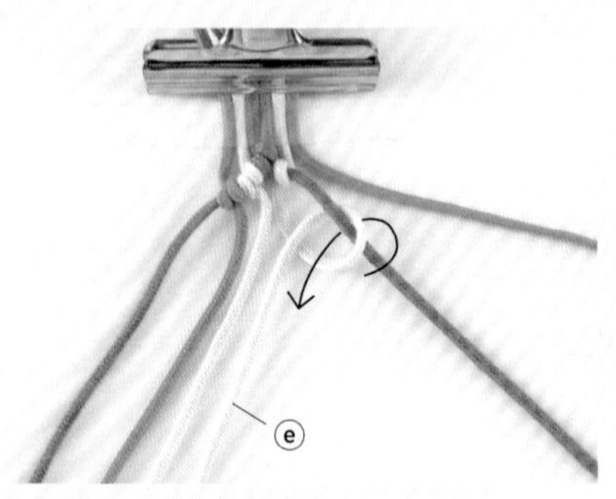

7 和6一樣，將軸心線放在編線上，再把編線穿過環拉出來。

8 把結目緊縮直到看不見軸心線，如此便完成第1個「斜向橫捲結」。

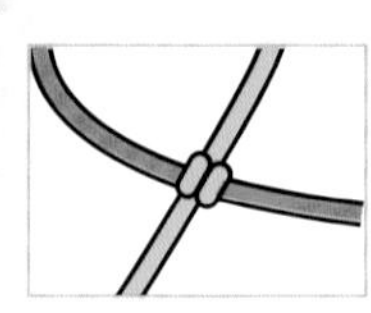

9 接著右手依然拿著軸心線ⓒ，把編線ⓕ按照5～8編出斜向橫捲結。

第2段之後

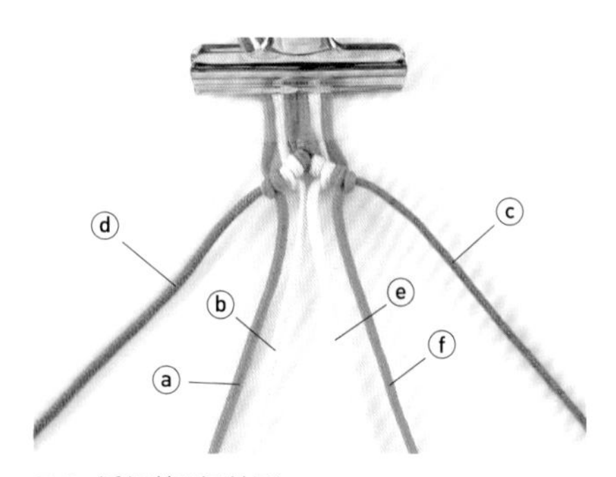

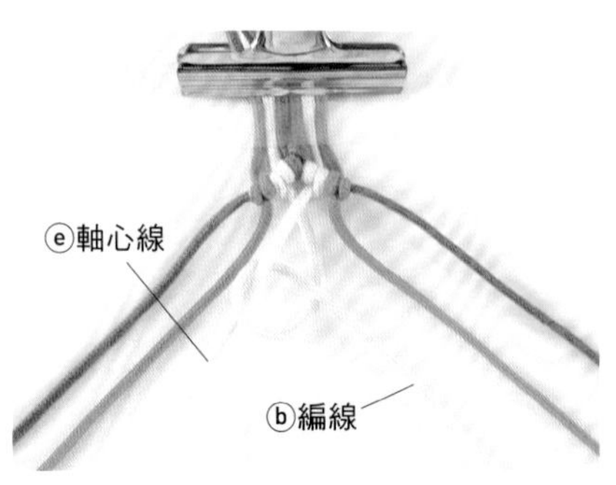

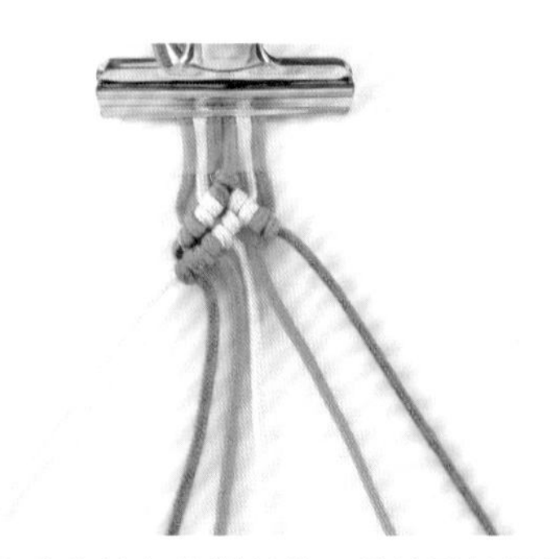

10 編好第5個結了。

11 下一段也是從中心開始編。第6個結目是以ⓔ為軸心線，以其左邊的ⓑ為編線，往左下方編過去。

12 左手的軸心線還是ⓔ，編線則按照ⓐ→ⓓ的順序依次編好結目。

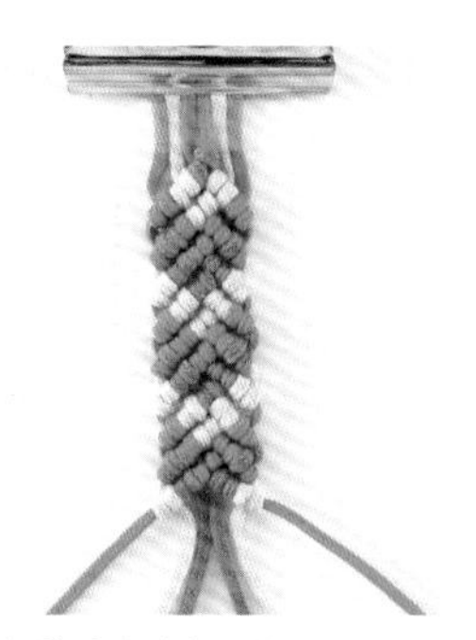

13 從中心往左側編的時候，做法如同2，左手拿著軸心線，朝左下方編過去；接著由中心往右側編時，做法如同5～8，右手要拿著軸心線往右下方編過去，如此就會編出V字花樣。

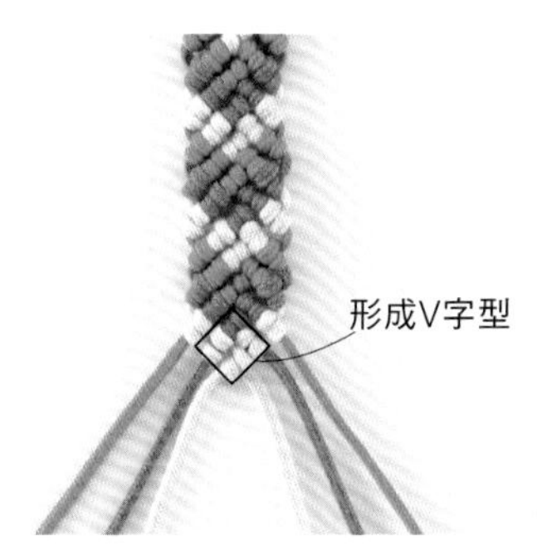

14 編好所需要的長度（13cm），最後參照P.13的打結方式編出第4個結目，讓尾端呈V字型。

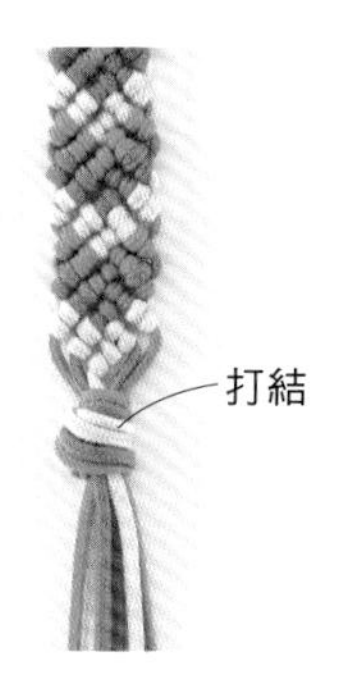

15 整理好所有的線，用單結束起來，再照著P.7的16～18編出三股編並剪斷。

雀頭結

在軸心線上把編線上下交互纏繞打結。這個編法，不會改變左右的線的位置。

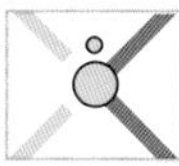

左雀頭結（用左邊的線編結目）

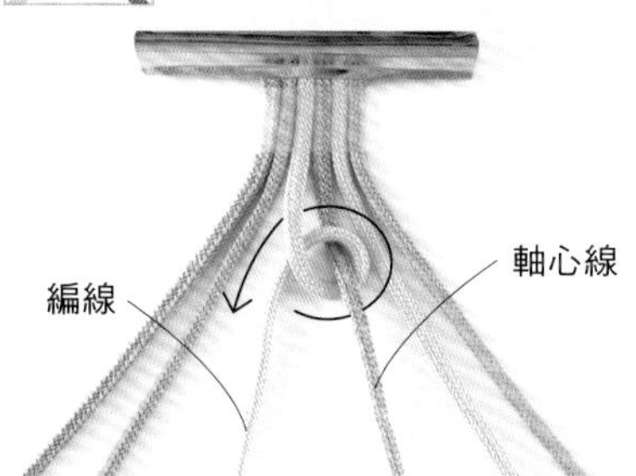

1 從軸心線下方，把編線由左邊穿過軸心線至右邊，繞一圈後拉緊。

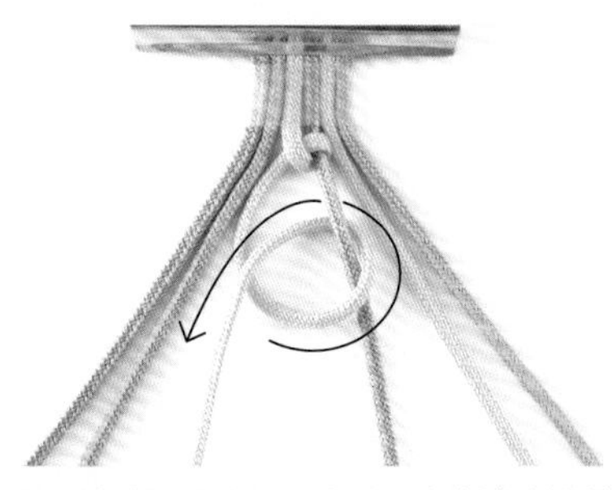

2 接著按照箭頭的方向，由左邊穿過軸心線上方，繞至右邊後拉緊。

3 完成「左雀頭結」。

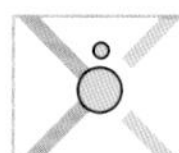

右雀頭結（用右邊的線編結目）

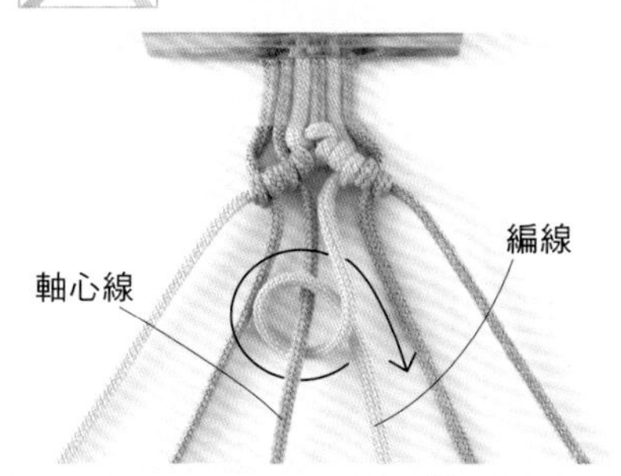

1 從軸心線下方，把編線由右邊穿過軸心線至左邊，繞一圈後拉緊。

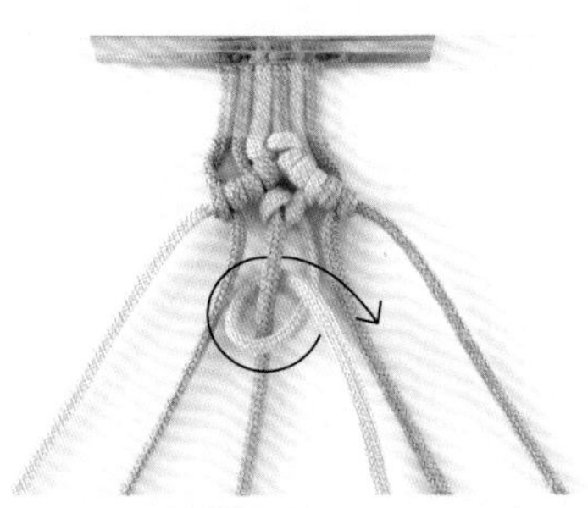

2 接著按照箭頭的方向，由右邊穿過軸心線上方，繞至左邊後拉緊。

3 完成「右雀頭結」。

11

Level ★★☆☆☆

［材料］
Cosmo 25號繡線
A ●：鮭魚紅（852）100cm×4條
B ○：淺黃綠色（315A）100cm×4條

［成品尺寸］
長度約30cm

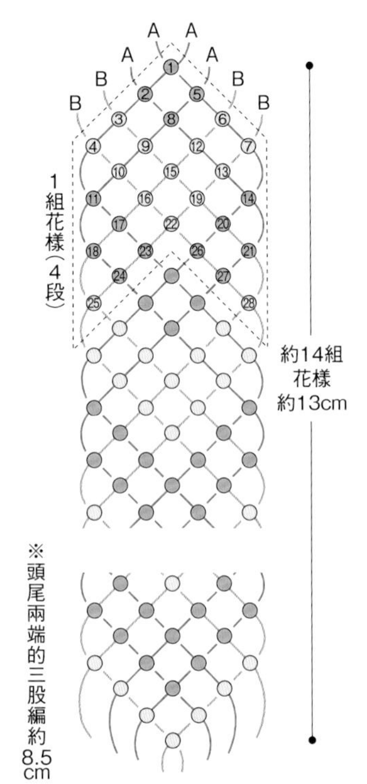

12

Level ★★☆☆☆

［材料］
Cosmo 25號繡線
A ○：淡灰色（712）100cm×2條
B ○：淡粉紅色（111）100cm×2條
C ●：桃紅色（835）100cm×2條
D ○：淺青綠色（563）100cm×2條

［成品尺寸］
長度約30.5cm

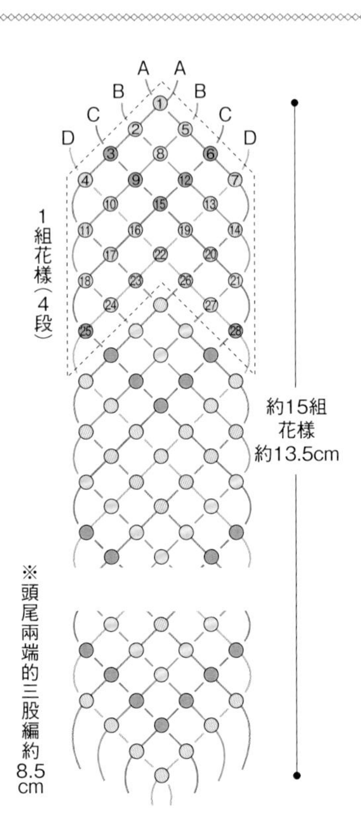

13

Level ★★☆☆☆

[材料]

Cosmo 25號繡線

A ◯：淺鮭魚紅（461）100cm×4條

B ◯：深珊瑚紅（342）100cm×4條

C ◯：淺灰綠色（980）100cm×4條

[成品尺寸]

長度約30cm

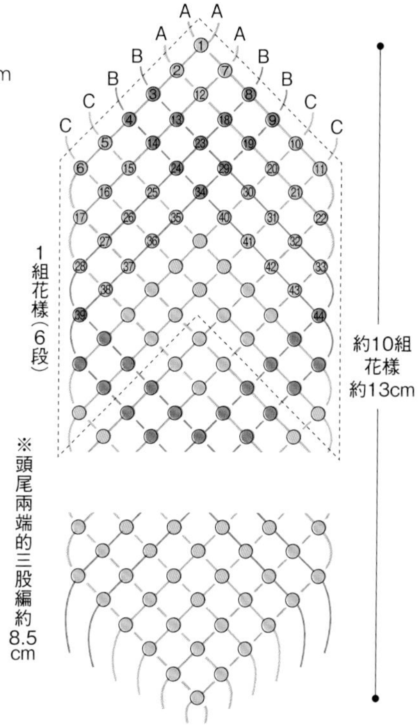

14

Level ★★☆☆☆

[材料]

Cosmo 25號繡線

A ◯：淺黃綠色（315A）100cm×4條

B ◯：桃紅色（835）100cm×2條

C ◯：淺青綠色（563）100cm×2條

[成品尺寸]

長度約31cm

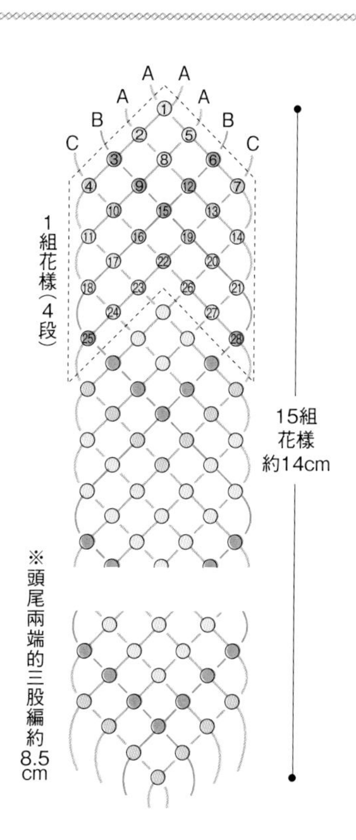

15

Level ★★☆☆☆

[材料]

Cosmo 25號繡線

A ●：嫩竹綠（334）100cm×4條

B ●：黃色（298）100cm×4條

C ●：灰色（2151）100cm×2條

16

Level ★★★★☆

[材料]

Cosmo 25號繡線

A ●：淺薄荷綠（333）90cm×2條

B ●：灰色（2151）90cm×2條

C ●：紺色（169）90cm×2條

D ●：紺青色（2214）90cm×2條

E ●：紅色（344）90cm×2條

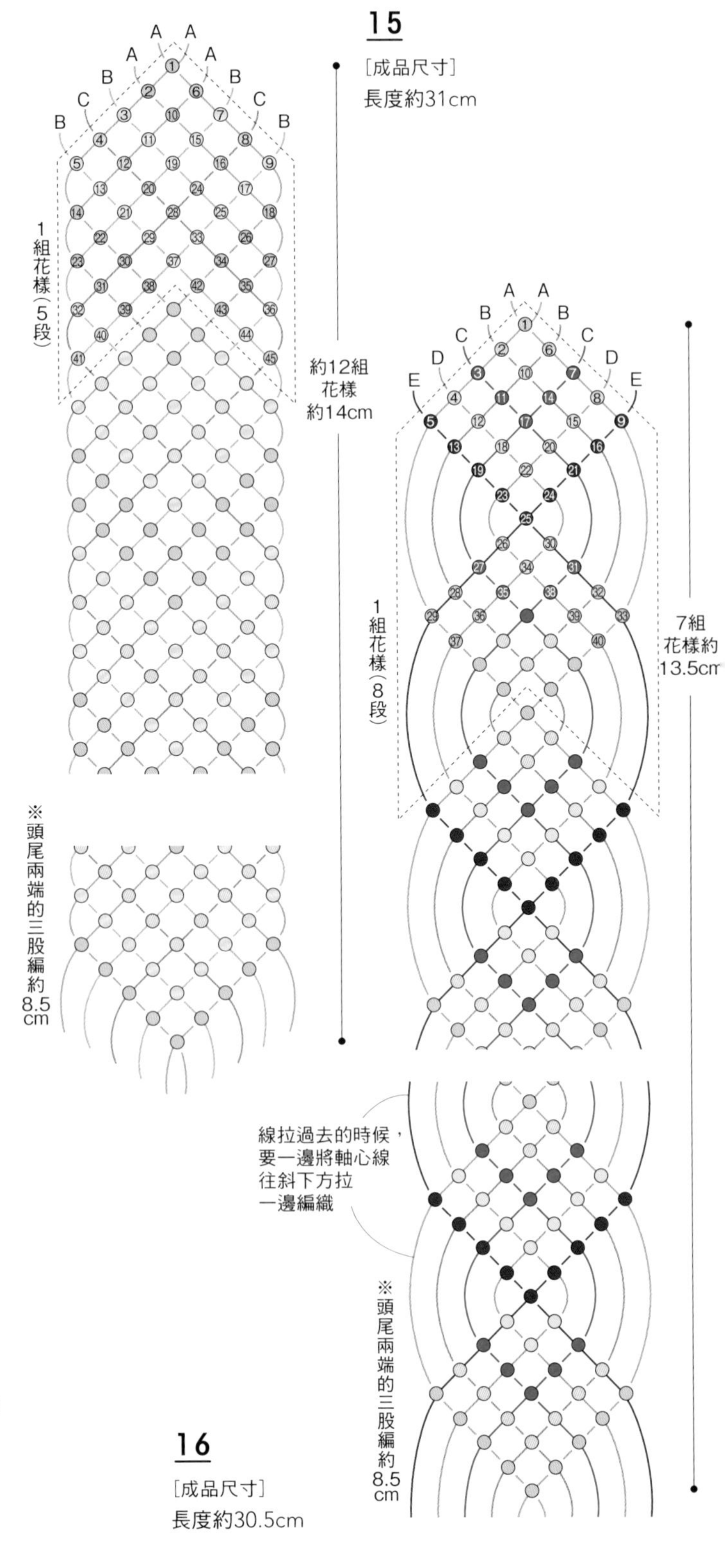

15

[成品尺寸]

長度約31cm

16

[成品尺寸]

長度約30.5cm

箭羽花樣

只要改變結目的順序，就可以編出許多不同的花樣。
編織的時候，不要弄錯軸心線與編線喔！

17

Level 

［材料］
Olympus 25號繡線
A ◯：綠色（263）100cm×4條
B ◯：淡灰色（430）100cm×4條

18

Level

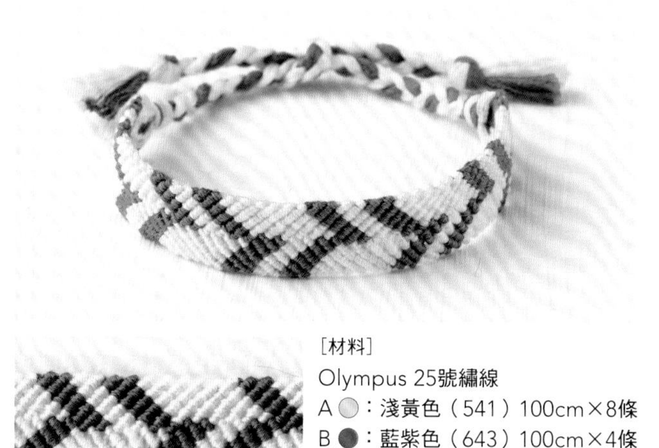

［材料］
Olympus 25號繡線
A ◯：淺黃色（541）100cm×8條
B ●：藍紫色（643）100cm×4條

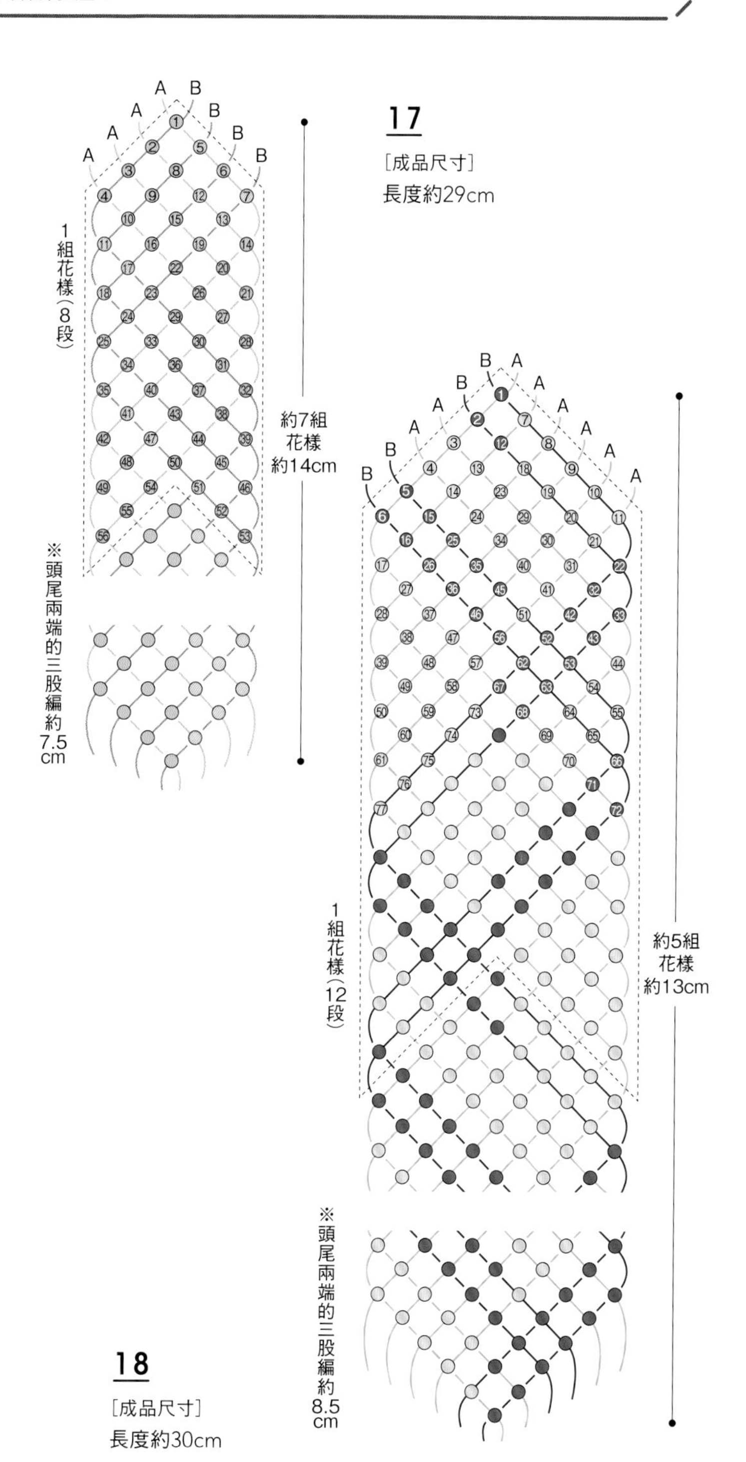

17
［成品尺寸］
長度約29cm

18
［成品尺寸］
長度約30cm

愛心花樣

幸運繩的背面會呈現出明顯的愛心花樣。
配戴時請將喜歡的那一面朝外。

19

Level ★★★☆☆

［材料］
Olympus 25號繡線
A ●：薄荷綠（220）100cm×4條
B ●：粉紅色（1031）100cm×4條

20

Level ★★★☆☆

［材料］
Olympus 25號繡線
A ●：琉璃藍（334）100cm×4條
B ●：杏粉色（141）100cm×4條

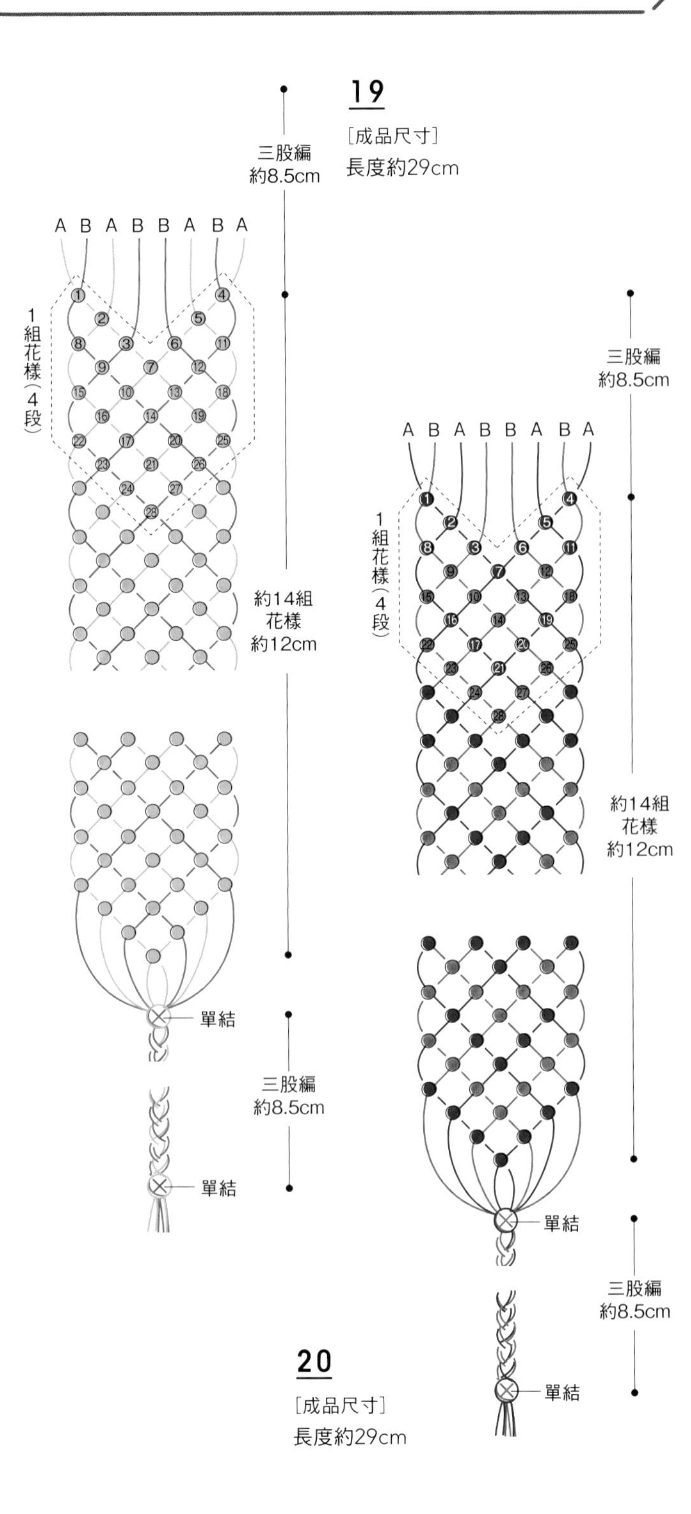

19
［成品尺寸］
長度約29cm

20
［成品尺寸］
長度約29cm

21

Level ★★★☆☆

[成品尺寸]
長度約30cm

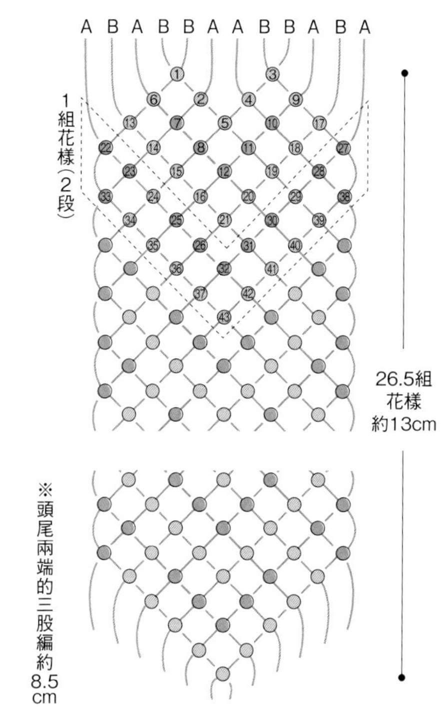

[材料]
Olympus 25號繡線
A ●：淺灰粉紅（1902）100cm×6條
B ●：淺灰色（483）100cm×6條

22

Level ★★★☆☆

[成品尺寸]
長度約31cm

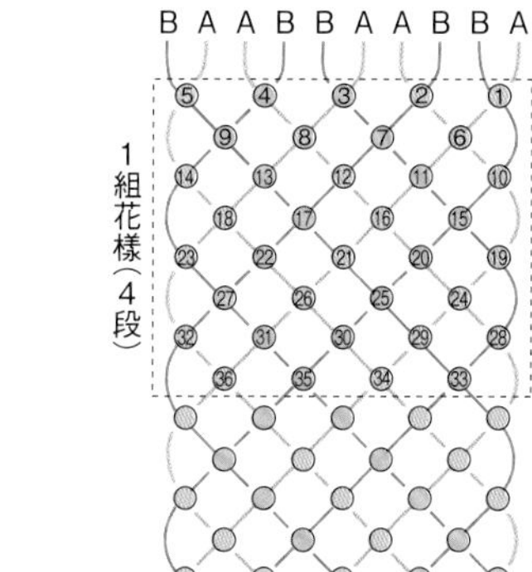

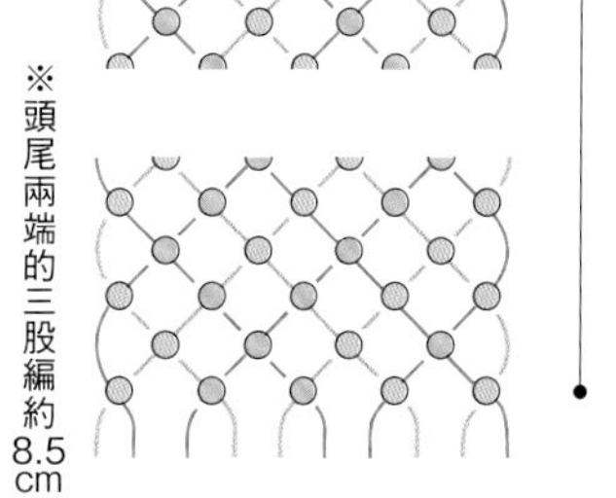

[材料]
Olympus 25號繡線
A ●：深薄荷綠（2042）130cm×5條
B ●：淺灰粉紅（1902）120cm×5條

閃電花樣

閃電花樣有的很單純，也有將曲折的線交錯穿插的花樣，
可做出許多不同變化。

23

Level ★☆☆☆☆

［材料］
Cosmo 25號繡線
A ◯：淺青綠色（563）120cm×1條
B ●：淺紺色（168）100cm×3條

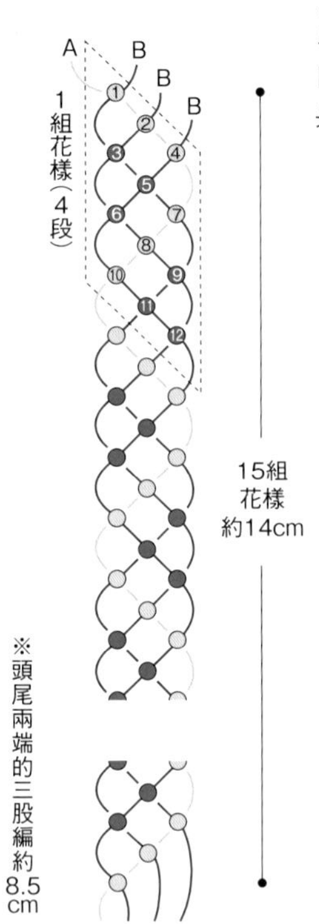

23

［成品尺寸］
長度約31cm

24

Level ★★★☆☆

［材料］
Cosmo 25號繡線
A ◯：芥末黃（702）100cm×4條
B ●：銀鼠色（892）100cm×4條

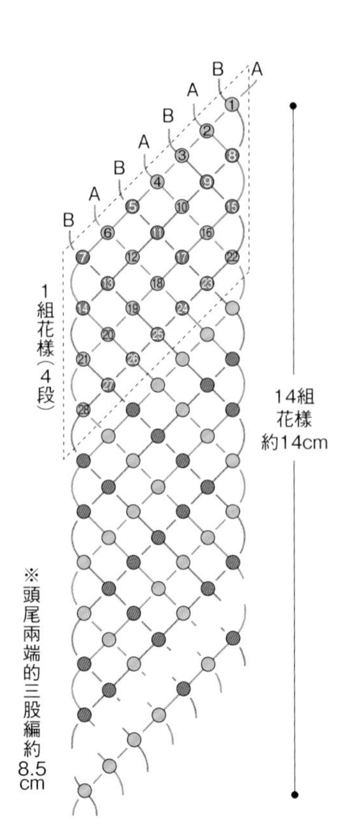

24

［成品尺寸］
長度約31cm

25

Level ★★★☆☆

［材料］

Cosmo 25號繡線

A ●：鮭魚紅（852）130cm×1條

B ●：深灰色（895）120cm×2條

C ●：淡藍色（162）100cm×6條

26

Level ★★★☆☆

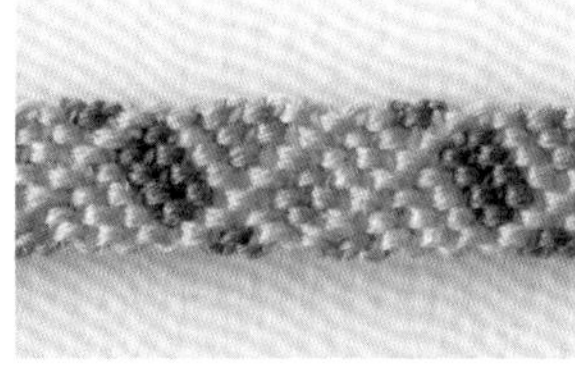

［材料］

Cosmo 25號繡線

A ●：銀鼠色（892）90cm×2條

B ●：黃綠色（270）140cm×2條

C ●：淺青綠色（563）90cm×2條

D ●：駝色（341）90cm×2條

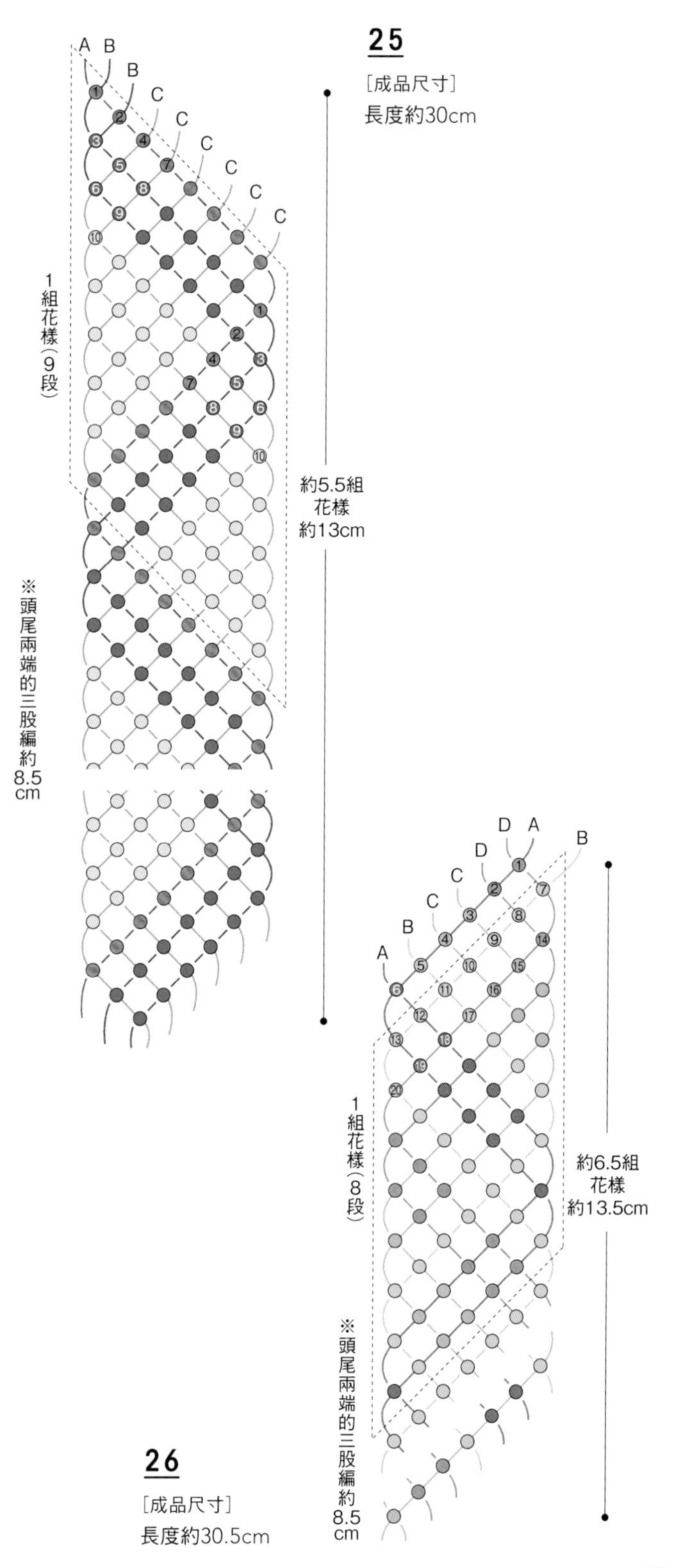

25

［成品尺寸］

長度約30cm

26

［成品尺寸］

長度約30.5cm

27

Level ★★★☆☆

[材料]

Cosmo 25號繡線

A ●：深綠色（319）120cm×1條
B ●：天藍色（2251）80cm×8條
C ●：深綠色（637）120cm×1條
D ●：土耳其藍（2253）120cm×1條
E ●：嫩葉綠（269）120cm×1條

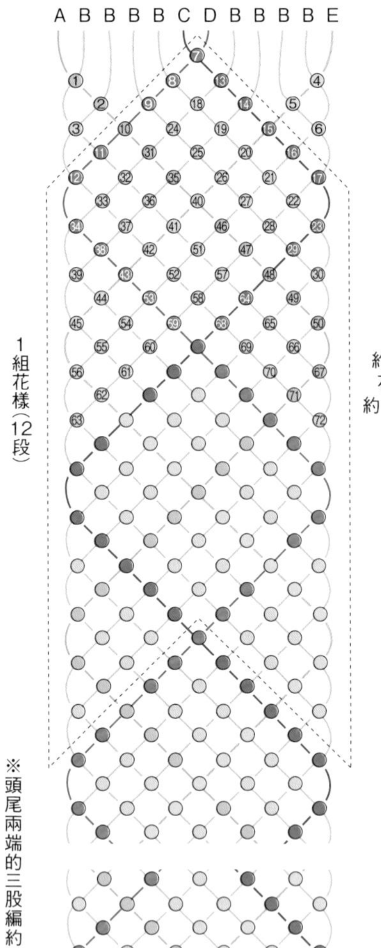

27

[成品尺寸]

長度約30cm

28

Level ★★★☆☆

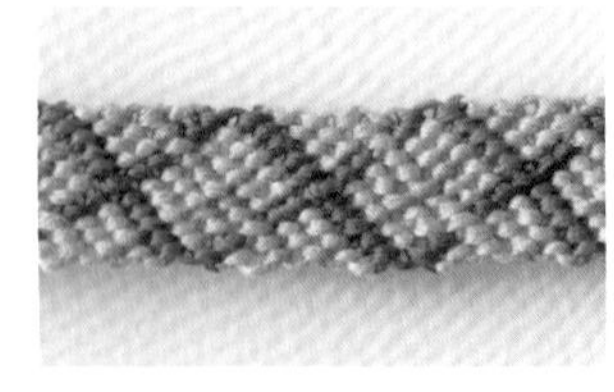

[材料]

Cosmo 25號繡線

A ●：淺蒼藍色（252）120cm×1條
B ●：淡粉紅色（103A）80cm×8條
C ●：櫻桃粉紅（2105）120cm×1條
D ●：土耳其藍（2253）120cm×1條
E ●：淡橘色（402）120cm×1條

28

[成品尺寸]

長度約30cm

※28與27只差在顏色不同，
接下來的編織方法請參照27

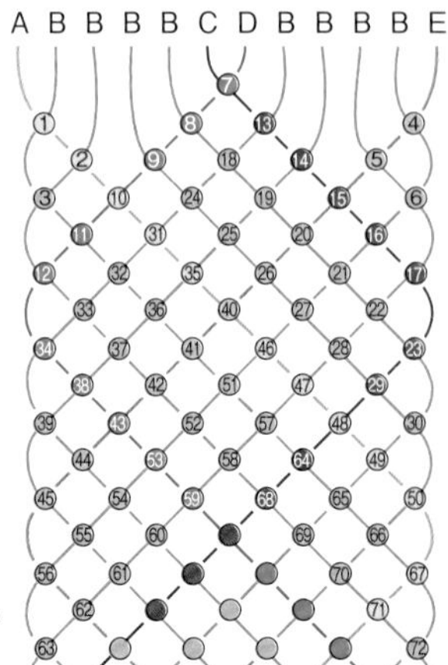

29

Level ★★★☆☆

［材料］

Cosmo 25號繡線

A ●：土耳其藍（2253）60cm、140cm×各1條

B ●：櫻桃粉紅（2105）80cm×3條

C ●：天藍色（2251）100cm×2條

D ●：嫩葉綠（269）120cm×2條

30

Level ★★★☆☆

［材料］

Cosmo 25號繡線

A ●：水藍色（411）100cm×8條

B ●：群青色（526）100cm×8條

29

［成品尺寸］

長度約31cm

30

［成品尺寸］

長度約30cm

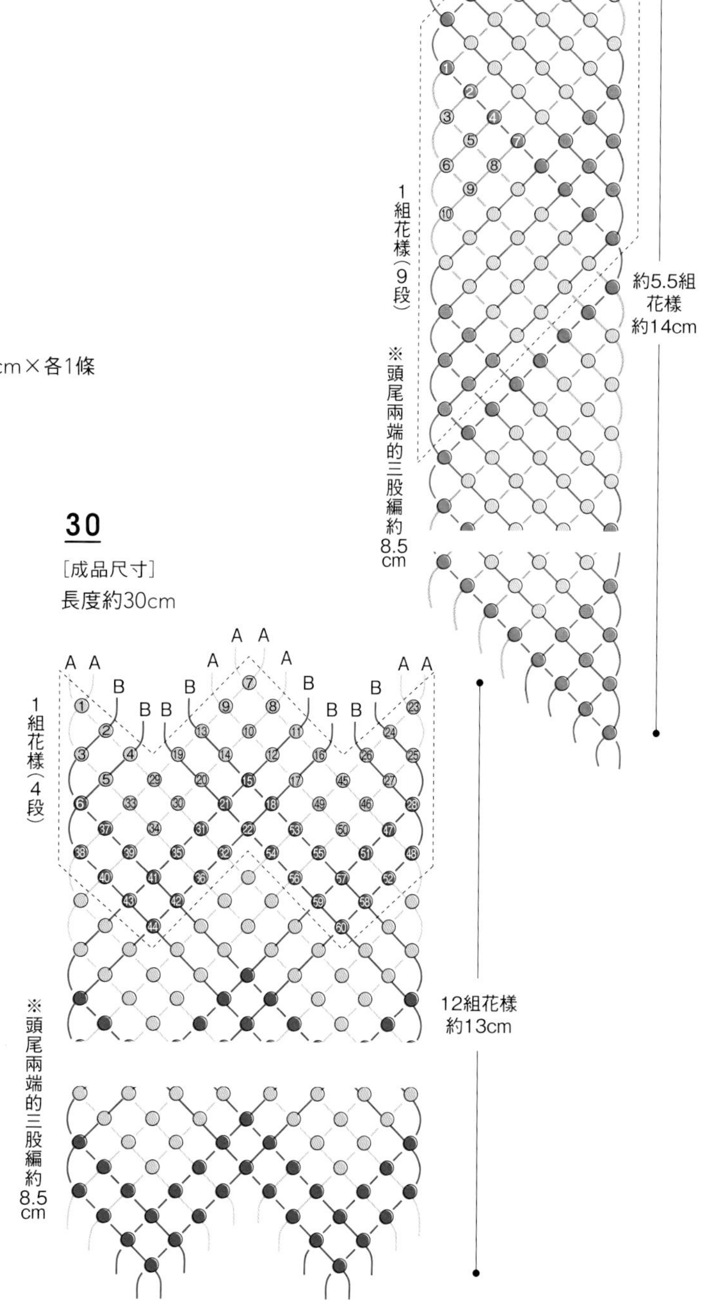

三股編花樣

這個花樣就像三股編，在中央將各色交互組合而成。
注意作品31中有加入「雀頭結（參照P.15）」。

31

Level ★★★★★

［材料］
Olympus 25號繡線
A ●：淺藍色（3051）100cm×2條
B ●：銀鼠色（484）100cm×2條
C ●：黃色（543）100cm×2條

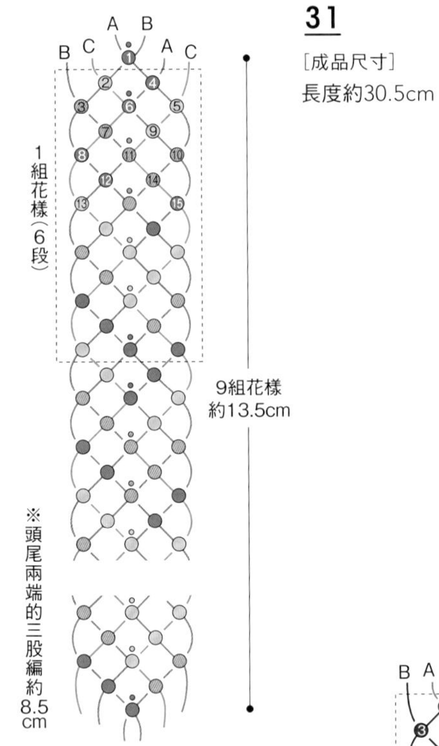

31
［成品尺寸］
長度約30.5cm

32

Level ★★★☆☆

［材料］
Olympus 25號繡線
A ●：淺藍色（3051）90cm×2條
B ●：紺色（357）90cm×2條
C ●：淺磚紅色（767）90cm×2條

A B
B A C C
1組花樣（6段）
約9組花樣
約13.5cm
※頭尾兩端的三股編約8.5cm

32
［成品尺寸］
長度約30.5cm

波浪花樣

如果學會了「斜向橫捲結」以及「雀頭結」，
就能編出非常適合夏天的波浪花樣。

33

Level ★★★★★

［材料］
Olympus 25號繡線
A ●：藍色（3052）120cm×5條
B ●：銀鼠色（484）120cm×4條

34

Level ★★★★★

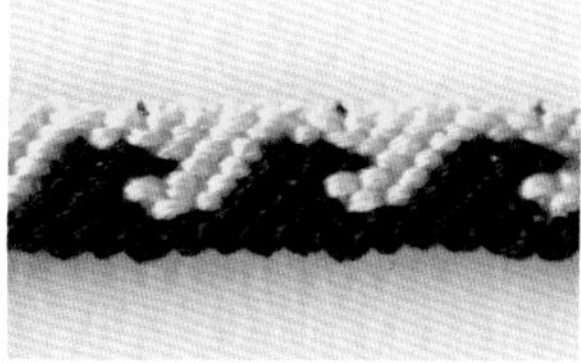

［材料］
Olympus 25號繡線
A ●：紺色（357）120cm×5條
B ●：黃色（543）120cm×4條

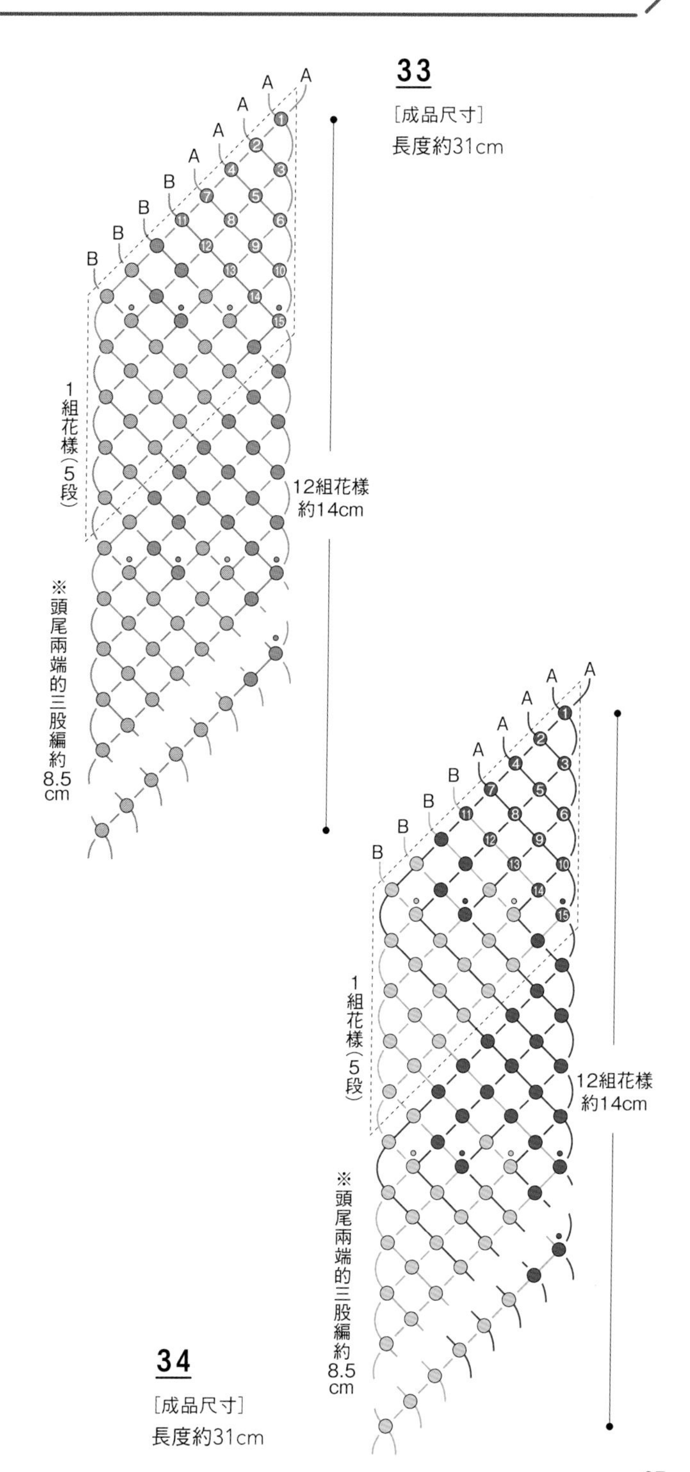

33
［成品尺寸］
長度約31cm

34
［成品尺寸］
長度約31cm

鑽石與十字花樣

若目前為止的做法都熟練了，就能編出各種花樣！
將喜歡的顏色搭配組合，做出心目中的幸運繩吧！

35

Level ★★★☆☆

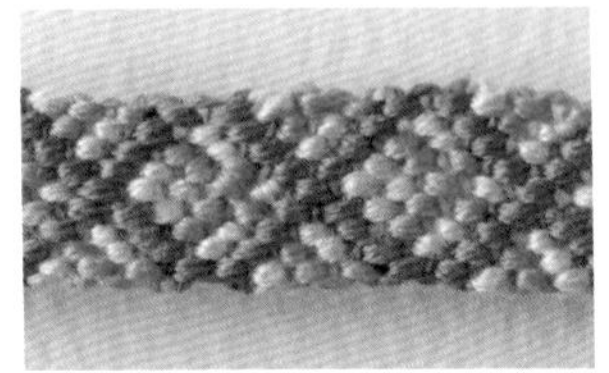

［材料］
Cosmo 25號繡線
A ●：珊瑚紅（342）140cm×2條
B ●：綠色（843）90cm×6條
C ●：粉櫻色（651）110cm×2條

A A B B B B C C B B

1組花樣（5段）

12組花樣 約14cm

※頭尾兩端的三股編約8.5cm

35

［成品尺寸］
長度約31cm

36

Level ★★★★★

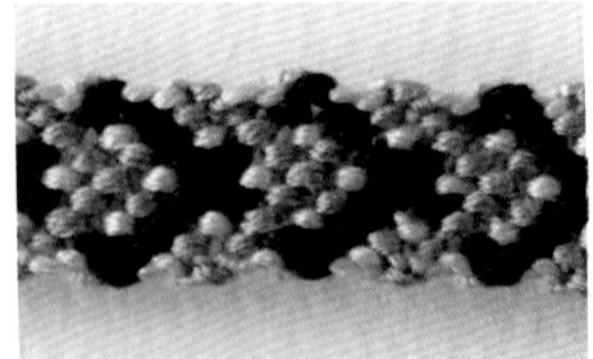

［材料］
Cosmo 25號繡線
A ●：淺紺色（168）120cm×2條
B ●：淡薄荷綠（371）70cm×6條
C ●：茶鼠色（714）120cm×2條

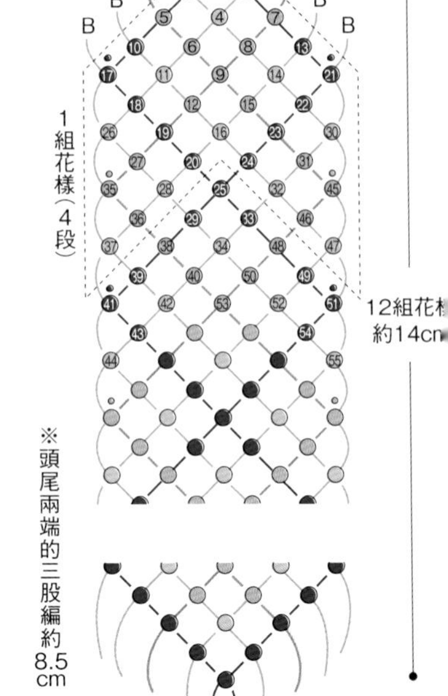

36

［成品尺寸］
長度約31cm

37

Level ★★★★★

［材料］
Cosmo 25號繡線
A ●：茶紅色（464）100cm×2條
B ●：淡薄荷綠（371）100cm×2條
C ●：紫藤色（553）100cm×2條
D ●：油菜花黃（701）100cm×2條

38

Level ★★★★★

［材料］
Cosmo 25號繡線
A ●：油菜花黃（701）110cm×8條
B ●：綠色（843）100cm×6條

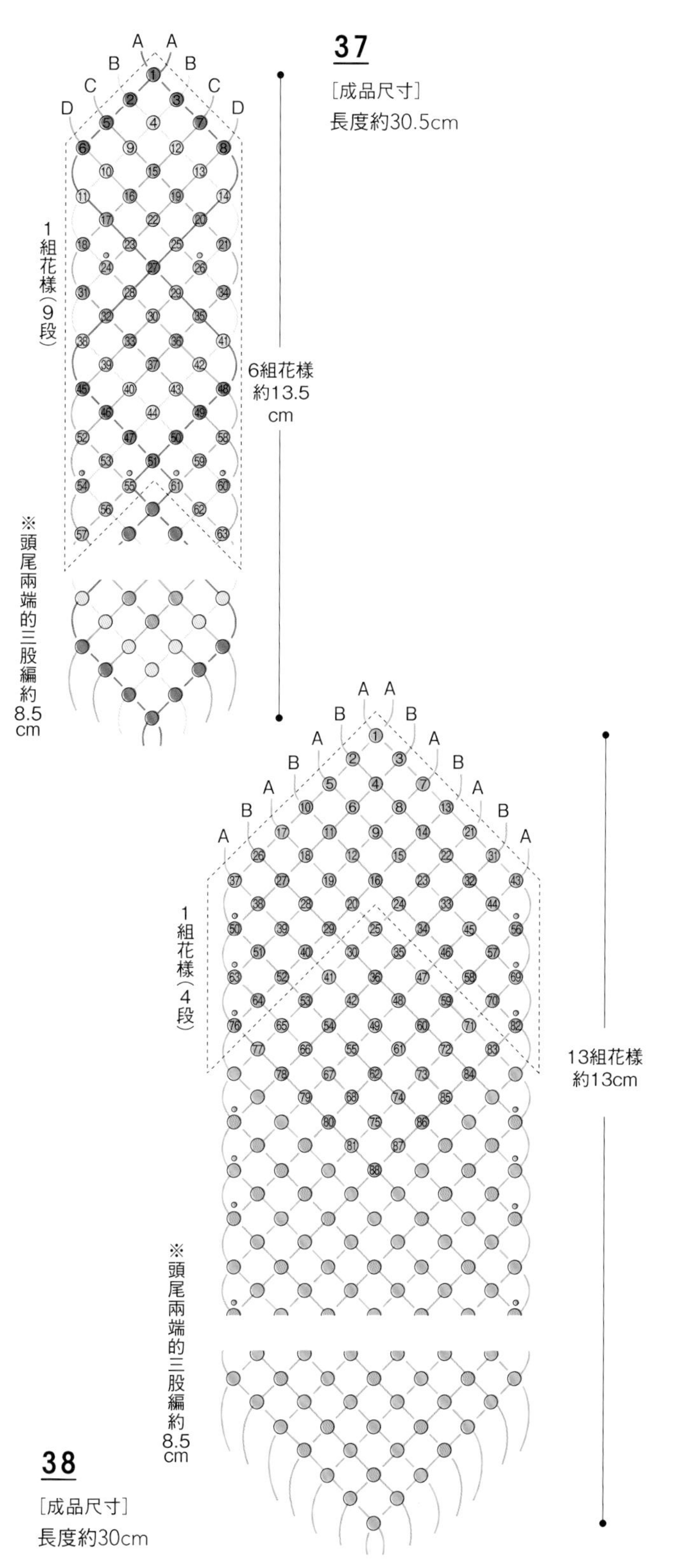

39

Level ★★★★★

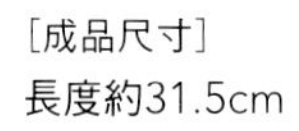

［成品尺寸］
長度約31.5cm

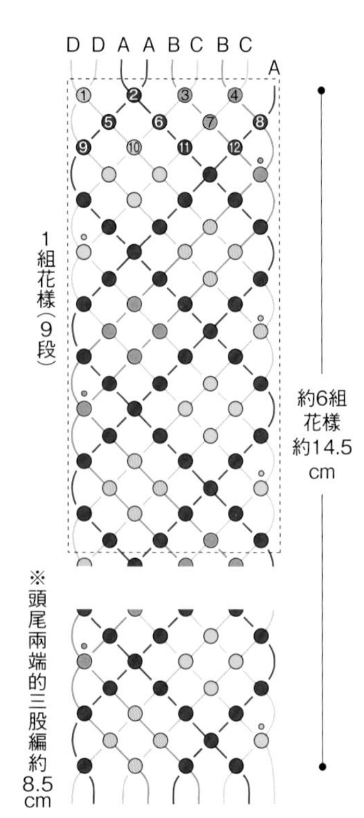

［材料］
Cosmo 25號繡線
A ●：群青色（664A）140cm×3條
B ●：粉紅色（501）100cm×2條
C ●：露草藍（523）100cm×2條
D ●：淺綠色（842）100cm×2條

40

Level ★★★☆☆

［成品尺寸］
長度約28.5cm

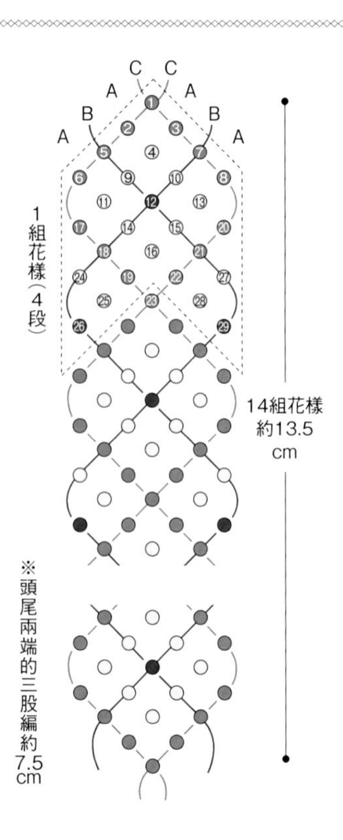

［材料］
Cosmo 25號繡線
A ○：冰綠色（562）100cm×4條
B ●：群青色（664A）70cm×2條
C ●：淺藍色（663）120cm×2條

41

Level ★★★★★

［材料］

Cosmo 25號繡線

A ●：深橘色（187）100cm×2條
B ●：冰綠色（562）100cm×2條
C ●：粉紅色（501）100cm×2條
D ●：群青色（664A）110cm×2條
E ●：淺藍色（663）110cm×2條

42

Level ★★★★★

［材料］

Cosmo 25號繡線

A ●：紫色（174）100cm×2條
B ●：淺紫色（171A）100cm×2條
C ●：淺綠色（842）100cm×2條
D ●：淺綠色（533）110cm×2條
E ●：露草藍（523）110cm×2條

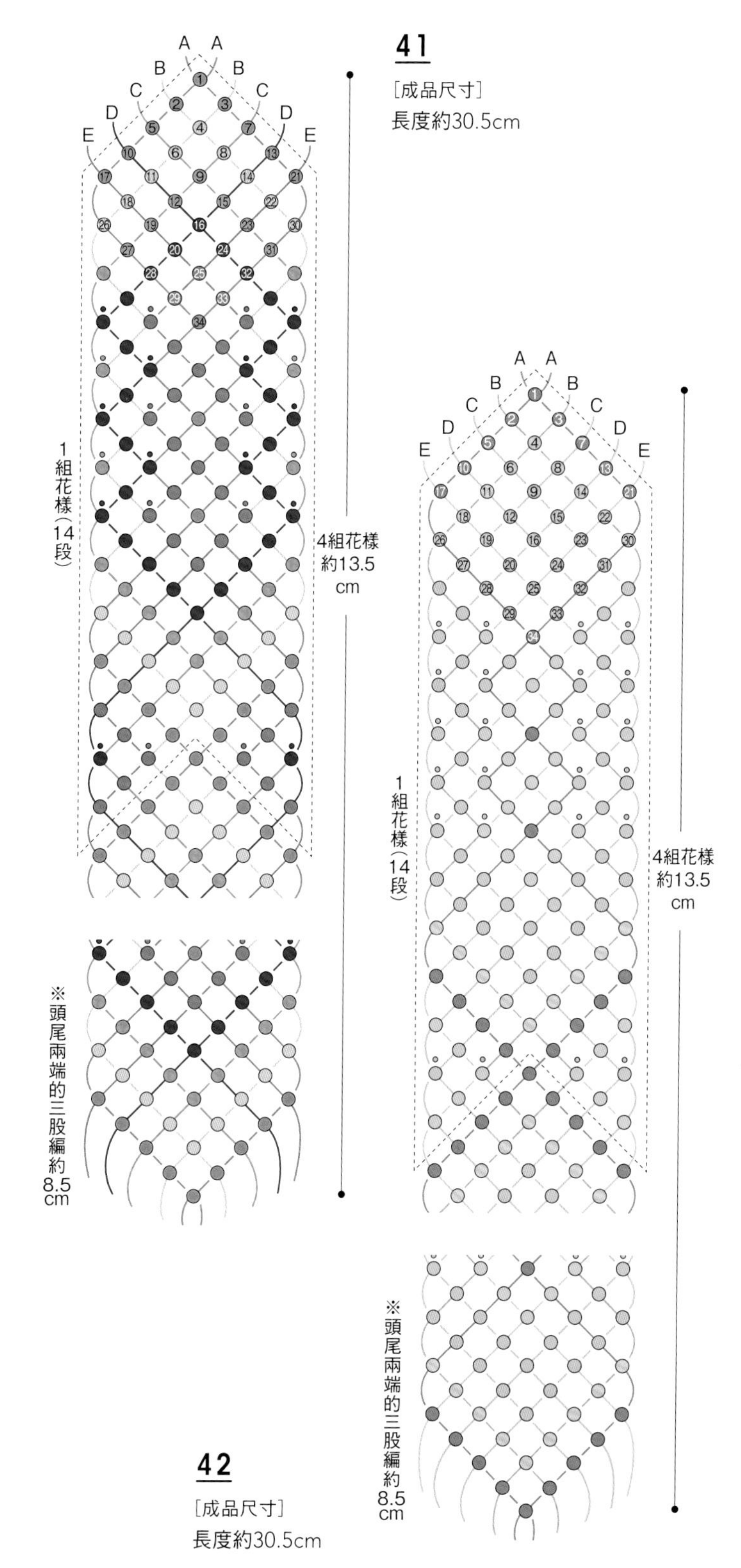

41

［成品尺寸］

長度約30.5cm

42

［成品尺寸］

長度約30.5cm

43

Level ★★★☆☆

［材料］

Cosmo 25號繡線

A ●：琉璃藍（2664）90cm×8條

B ○：奶油色（140）140cm×2條

44

Level ★★★☆☆

［材料］

Cosmo 25號繡線

A ◎：灰紫色（761）100cm×6條

B ◎：杏黃色（2402）110cm×2條

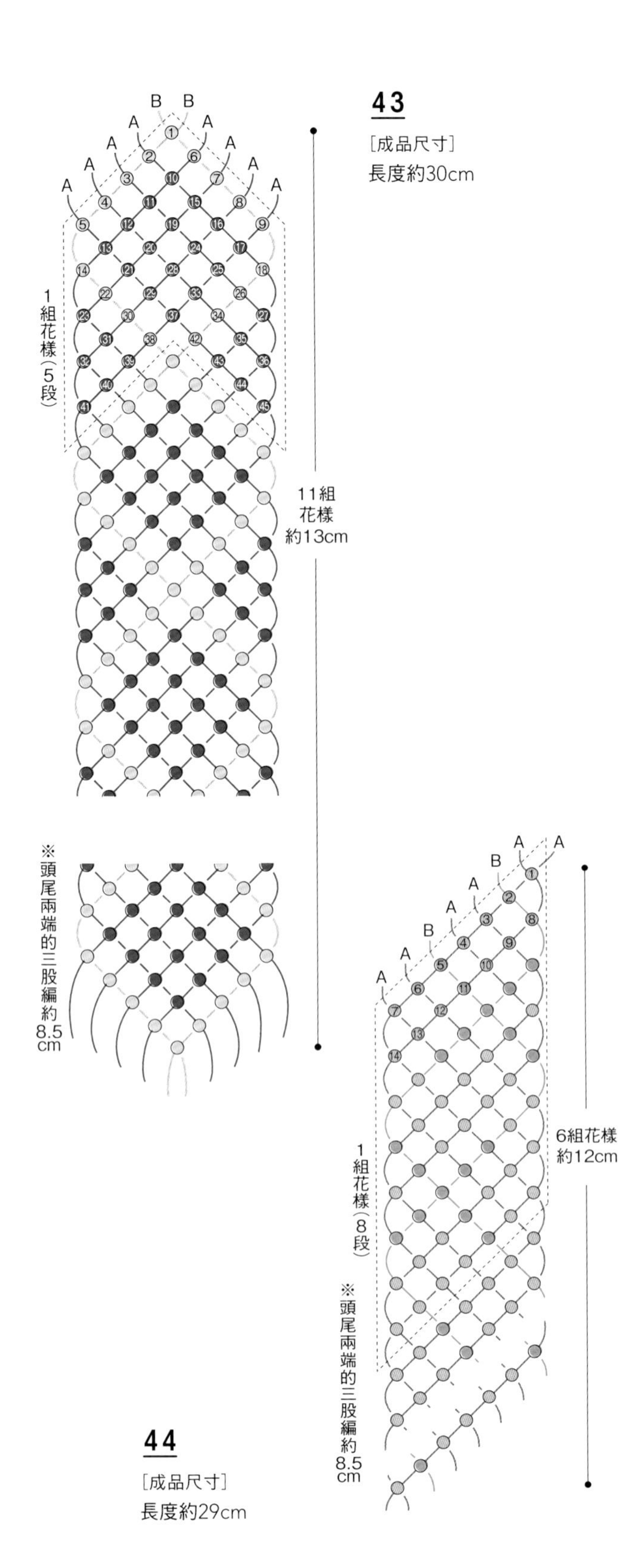

43

［成品尺寸］

長度約30cm

44

［成品尺寸］

長度約29cm

斜紋與水珠花樣

只要在簡約的斜紋花樣中重點式加入點狀水珠花樣，
就能提升可愛感！

45

Level ★★★☆☆

[材料]
Cosmo 25號繡線
A ●：紅梅色（836）110cm×3條
B ●：灰綠色（535）110cm×4條
C ●：灰紫色（761）110cm×3條

46

Level ★★★☆☆

[材料]
Cosmo 25號繡線
A ●：淺茶色（573）110cm×3條
B ●：淺藍色（663）110cm×4條
C ●：橘色（186）110cm×3條

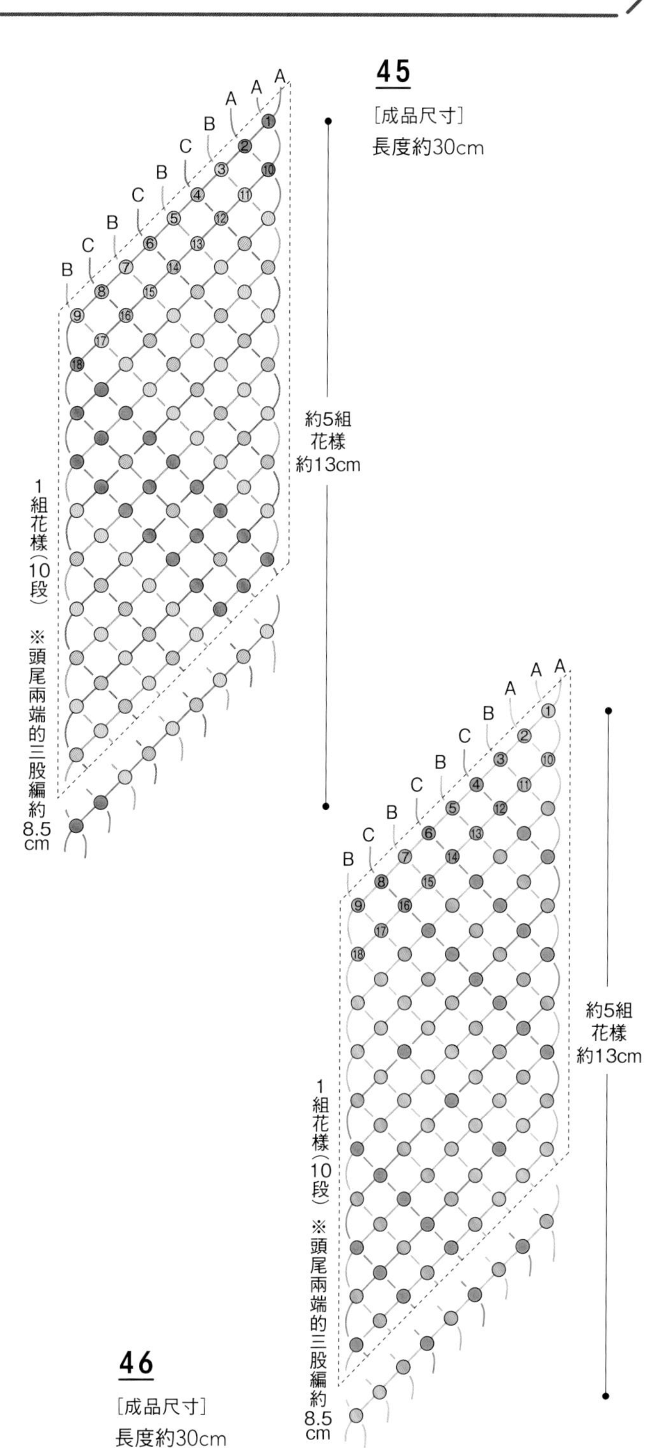

45
[成品尺寸]
長度約30cm

46
[成品尺寸]
長度約30cm

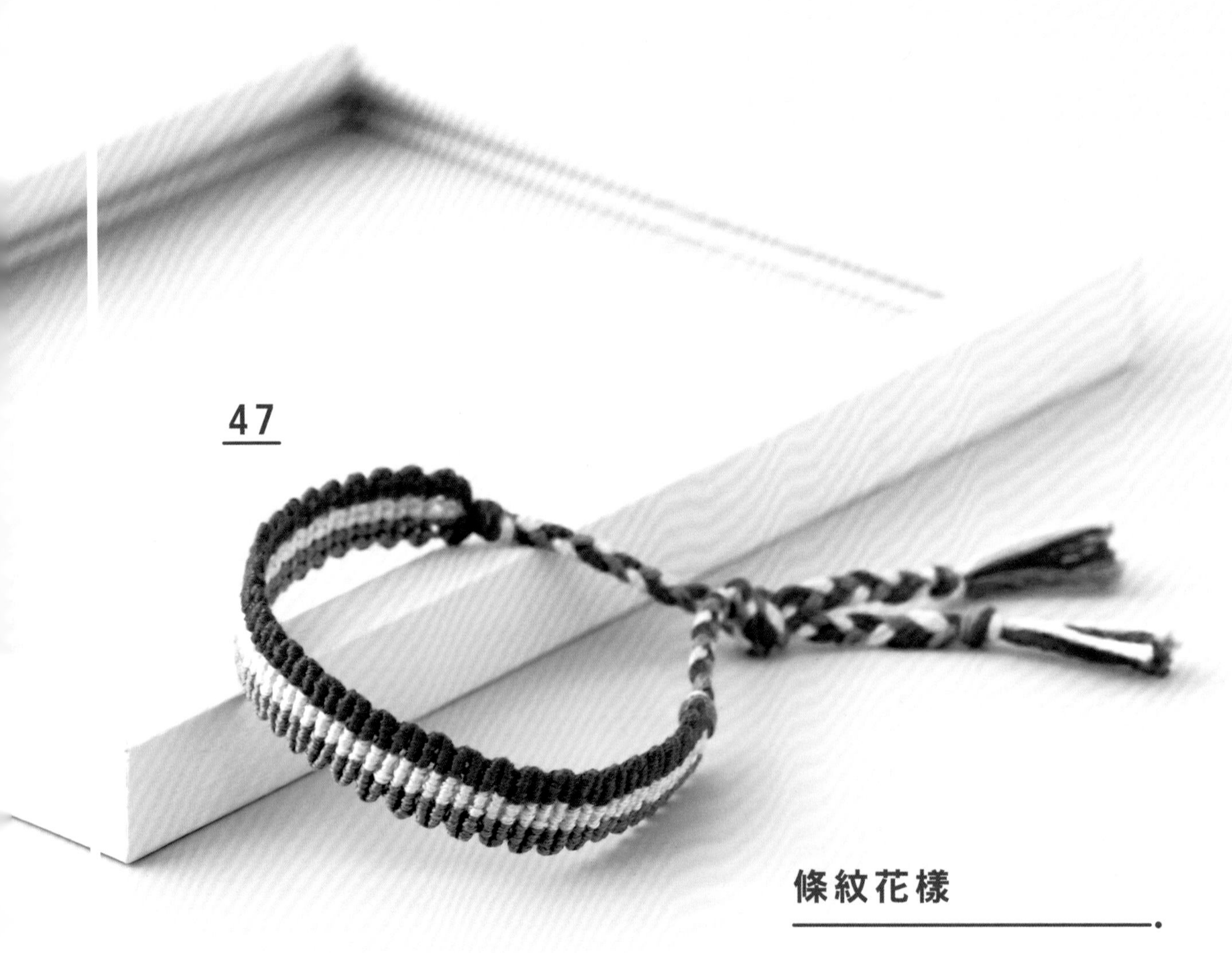

47

條紋花樣

熟練斜向橫捲結之後，接著就來挑戰能編出條紋花樣的橫捲結吧！

47 條紋花樣

Level ★★☆☆☆

橫捲結
縱捲結

［材料］
DMC 25號繡線
A ●：薰衣草紫（340）110cm×2條
B ●：淺灰色（762）110cm×2條
C ●：櫻桃粉紅（3607）110cm×2條、270cm×1條

［成品尺寸］
長度約30cm

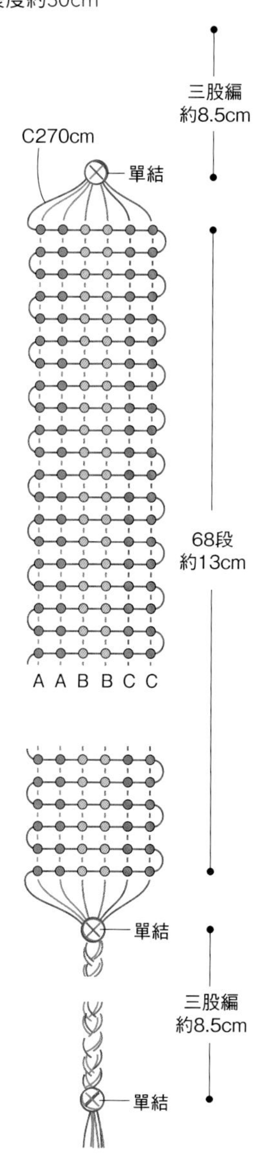

橫捲結的圖示

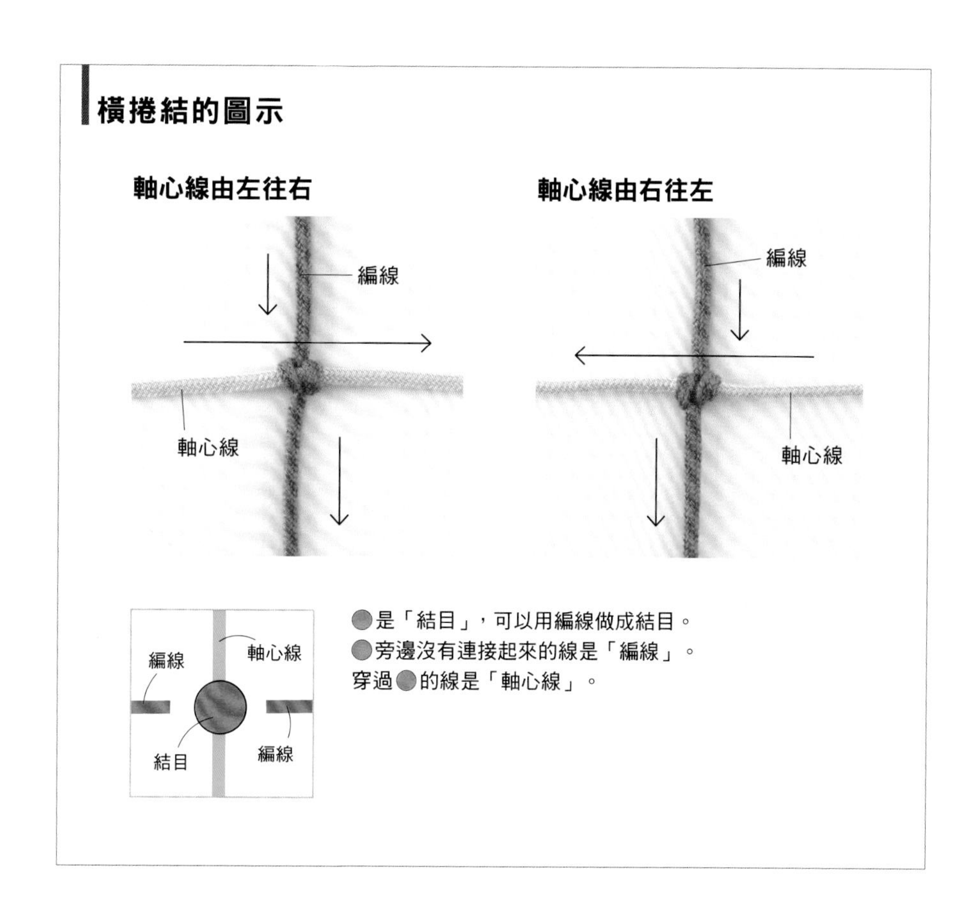

●是「結目」，可以用編線做成結目。
●旁邊沒有連接起來的線是「編線」。
穿過●的線是「軸心線」。

線太長時的整理方法 ※為使編法更清楚且容易明瞭，這裡用的是粗繩。

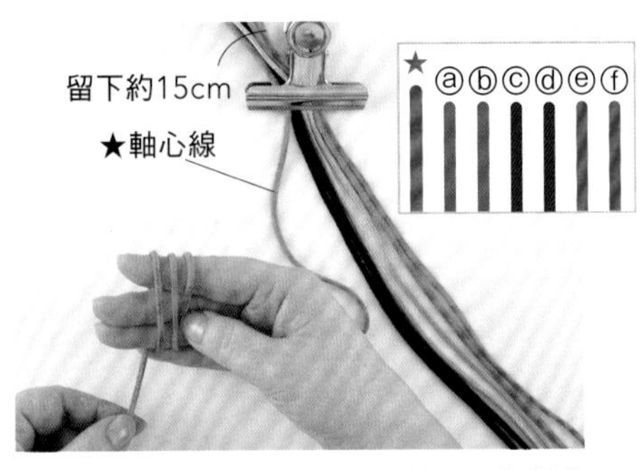

1 將繡線剪成指定的長度，按照配色順序排好，以夾子夾住固定。若軸心線很長，就把線繞圈纏繞在三根手指上。

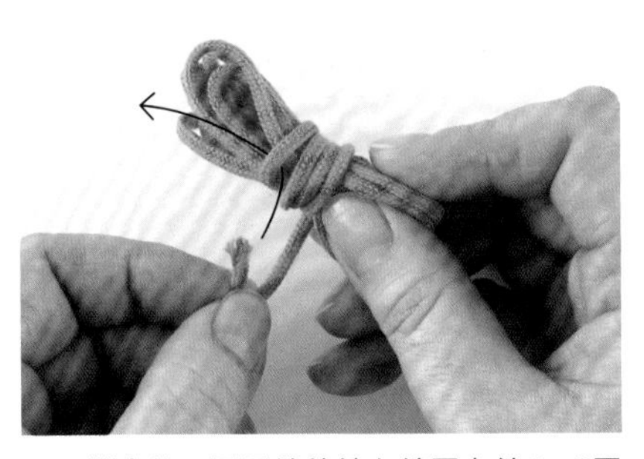

2 捲完後，用尾端的線在線圈上繞2～3圈綑住，再把線頭穿過纏繞的線。

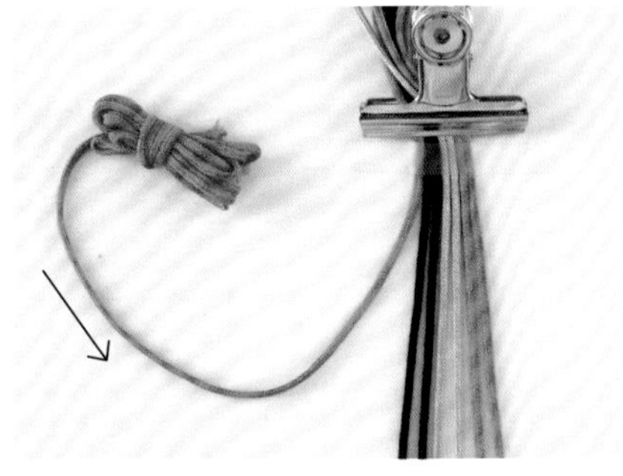

3 把線照箭頭的方向拉，就能從線圈中順利地拉出線。

第1段・往右編織

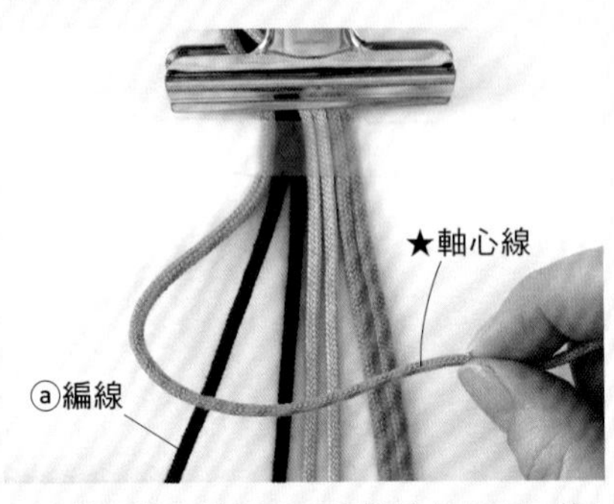

4 將★軸心線用右手拿著放在上面，第1條編線ⓐ放在軸心線下方，用左手拿著。

橫捲結（軸心線由左往右編織）

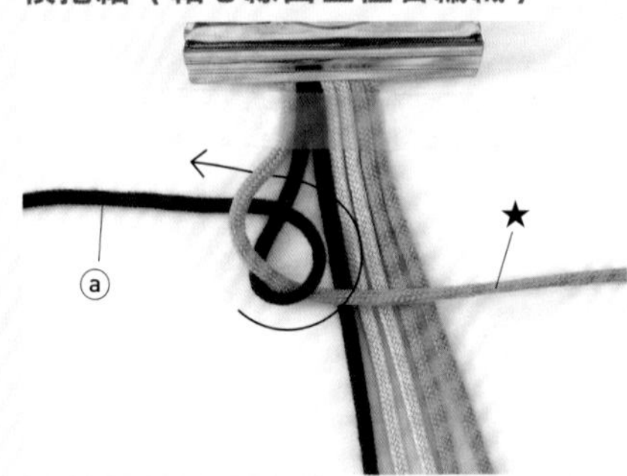

5 將編線拉過來繞一圈，穿過環後捲住軸心線。

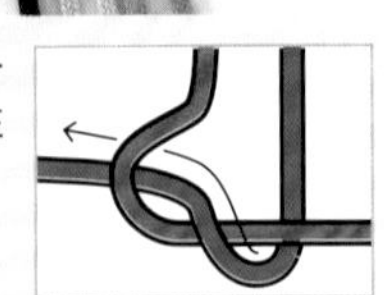

6 把軸心線往右方拉直，以免軸心線鬆開，同時慢慢拉緊左手的編線。

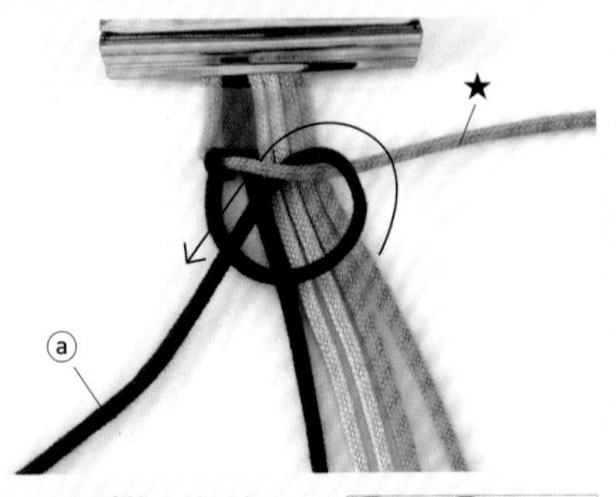

7 再重複一次5和6，把編線纏繞在軸心線上。

8 牢牢拉緊編線。「纏繞2次才是1個結目」，因此現在就完成1個將軸心線往右編織的「橫捲結」了。

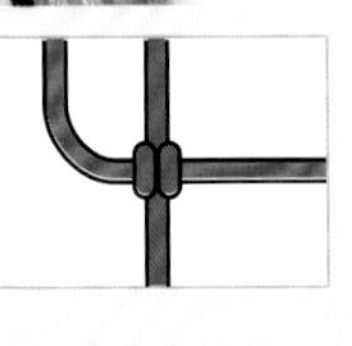

9 現在編第2個結，右手的軸心線不變，以ⓑ做為編線，重複5～8編出結目。要「纏繞2次才是1個結目」。

第2段·往左編織 橫捲結（軸心線由右往左編織）

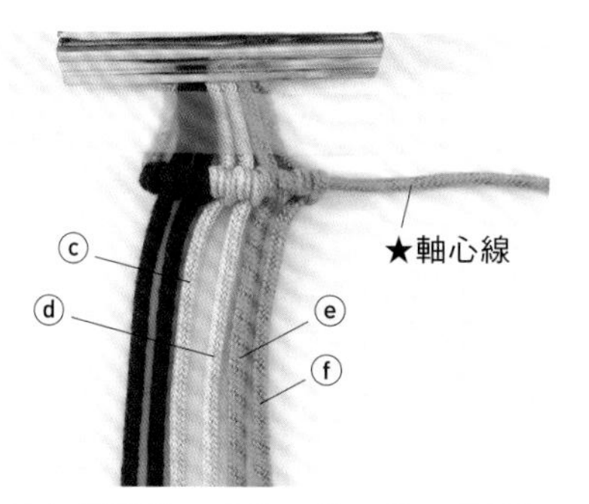

10 軸心線不變，以ⓒ→ⓓ→ⓔ→ⓕ的順序，重複5～8編出同樣的結，如此便完成第1段。軸心線會從右端伸出來。

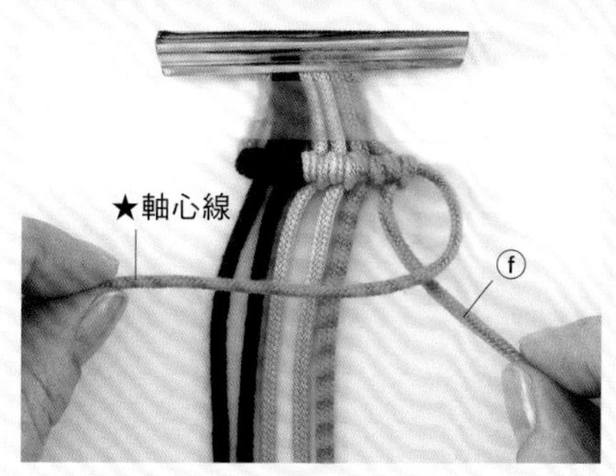

11 把軸心線往左反折，以ⓕ為編線。左手拿著的軸心線放在編線上方，右手拿著的編線ⓕ則在軸心線下方。

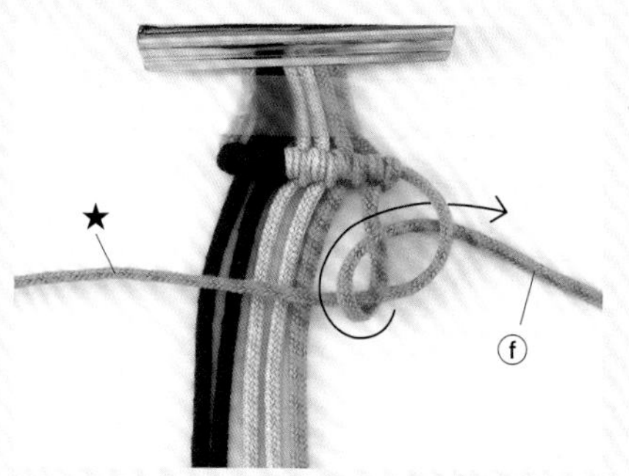

12 把編線從軸心線下方拉過來，再穿過環，繞住軸心線。

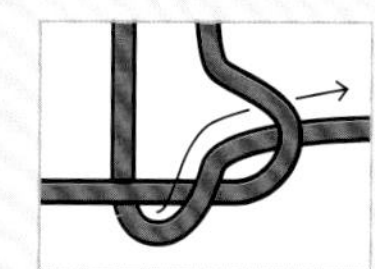

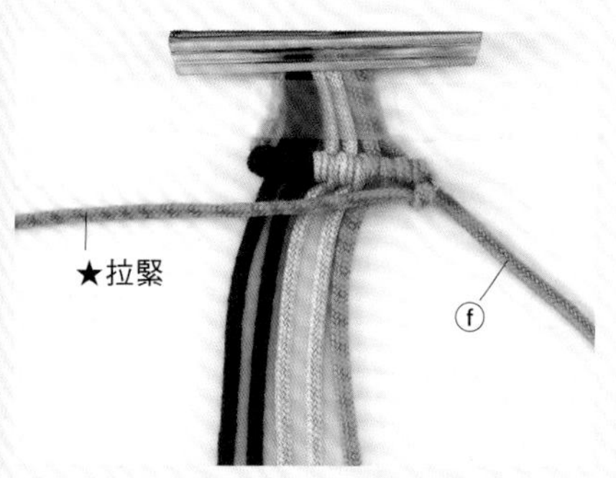

13 將軸心線往左邊橫向拉緊，以免軸心線鬆弛，同時慢慢拉緊右手的編線。

14 重複12與13，牢牢拉緊編線。如此便完成了第1個將軸心線往左編織的「橫捲結」。

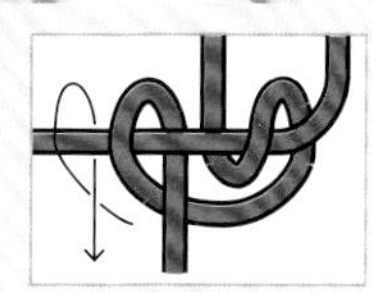

15 接著編下一個結目，左手的軸心線不變，編線改為ⓔ，並重複11～14編出結目。

第3段之後

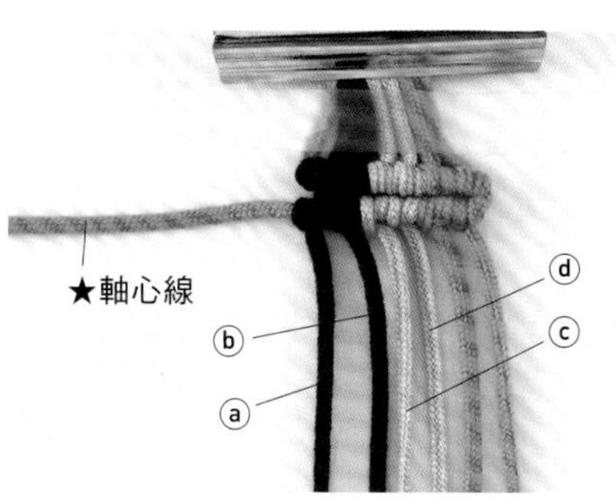

16 軸心線仍然不變，編線按ⓓ→ⓒ→ⓑ→ⓐ的順序依序編出結目。如此便完成第2段。軸心線會從左端伸出來。

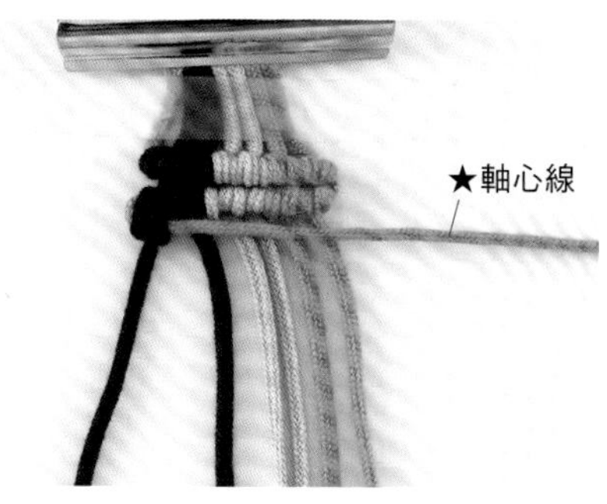

17 將軸心線往右反折，用右手拿好，重複4～10往右側編織。編織的時候，結目的位置要和前一段的位置排列一致。

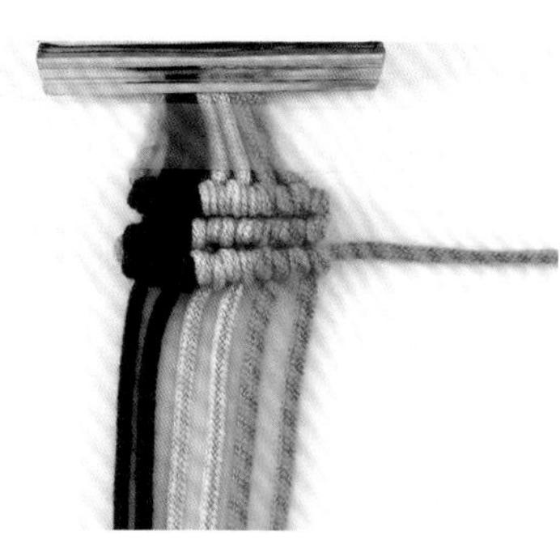

18 第3段也編好了。往右側編織過去時，要用右手拿著軸心線；往左側編織時，要改為左手拿軸心線。拉緊軸心線是編織時的重點。

方形格紋花樣

這是依序編織橫捲結與縱捲結所組成的。兩種編法的編織次數相同，而且是一個一個反覆編成，做起來並不難。

48

48 方形格紋花樣

Level ★★☆☆☆

縱捲結
橫捲結

[材料]
DMC 25號繡線
A ●：灰薄荷綠（503）90cm×6條
B ●：米灰色（822）290cm×1條

[成品尺寸]
長度約30cm

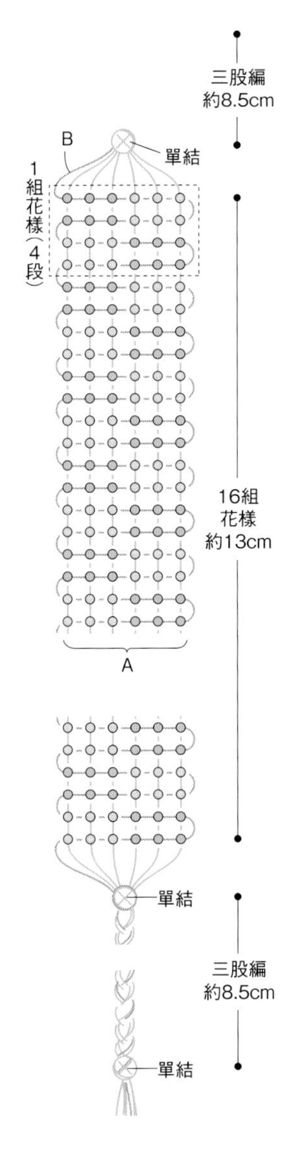

縱捲結的圖示

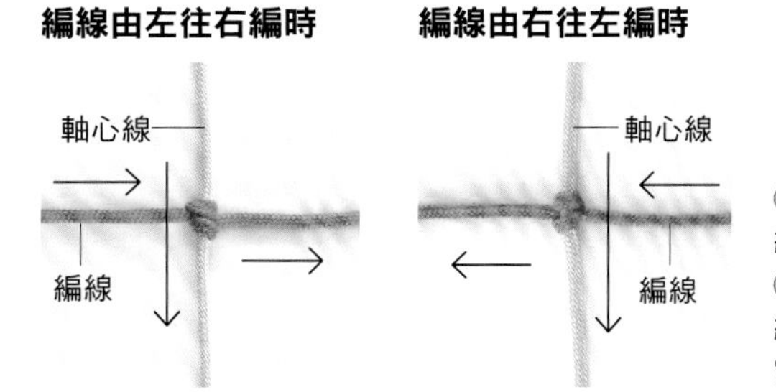

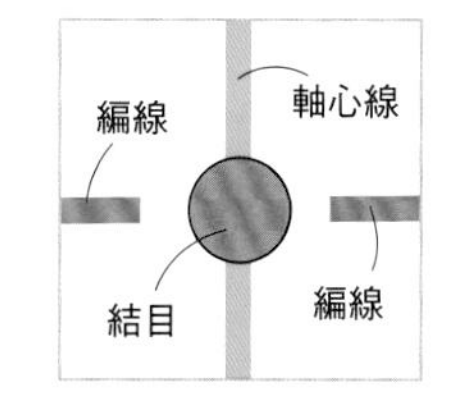

● 是「結目」，可以用編線做成結目。
● 旁邊沒有連接起來的線是「編線」。
穿過●的線是「軸心線」。

開始編織

※為使編法更清楚且容易明瞭，這裡用的是粗繩。

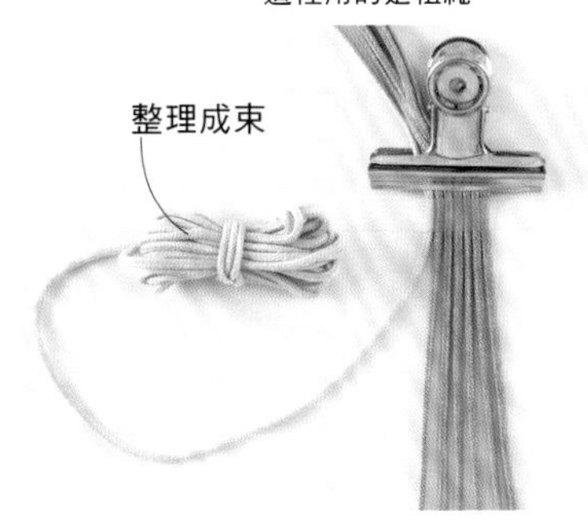

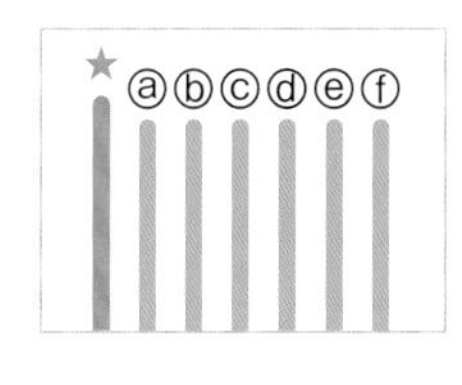

1 將繡線剪成指定的長度，按照配色順序排好，以夾子夾住固定。★的線若太長，要先整理成一束。

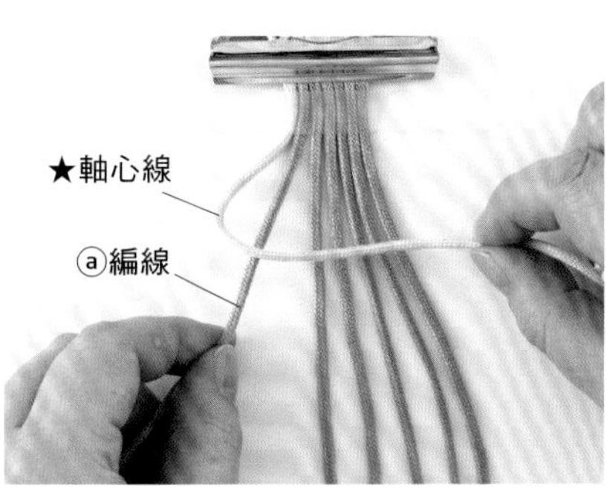

2 以★線為軸心線，用ⓐ線編出橫捲結（P.36 4～8）。

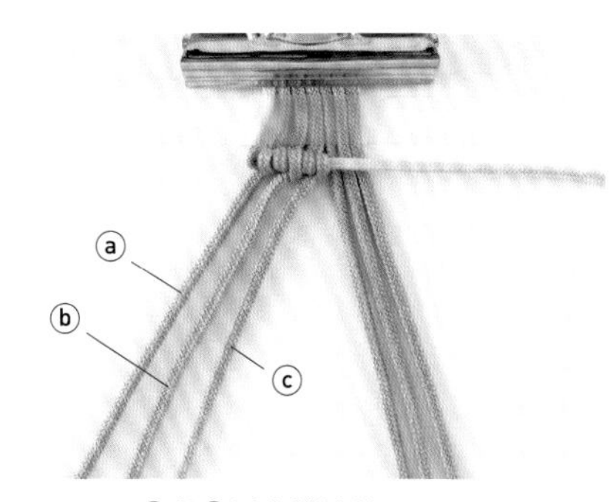

3 再用ⓑ與ⓒ編出橫捲結。

縱捲結（編線由左往右編）

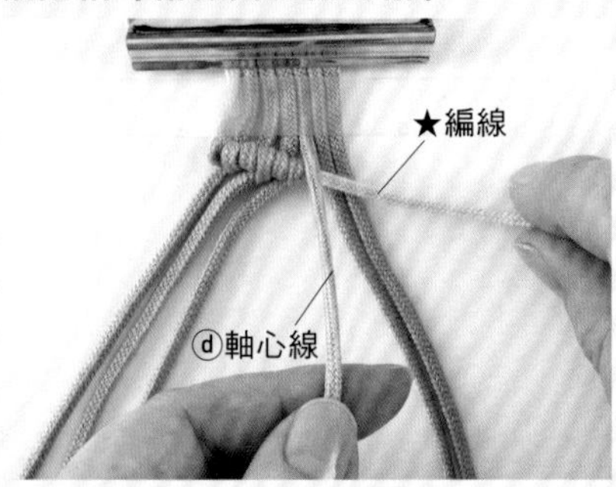

4 第4～6的結目是「縱捲結」。以ⓓ～ⓕ為軸心線，★則是編線。把軸心線ⓓ放在上面，用左手拿著；編線★在軸心線ⓓ下面，用右手拿著。

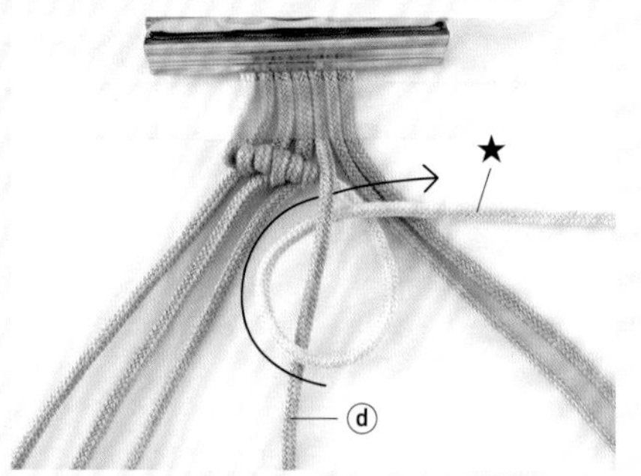

5 把右手的編線繞過軸心線，依圖示的方式纏繞。編線穿過軸心線下方，從右邊拉出來。

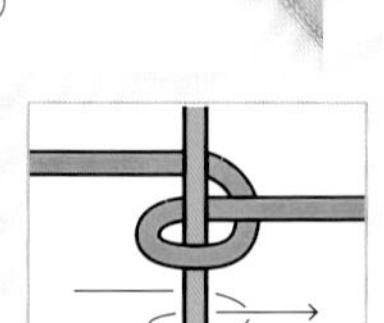

6 把左手拿的軸心線往自己的方向拉緊，右手的編線則慢慢收緊。

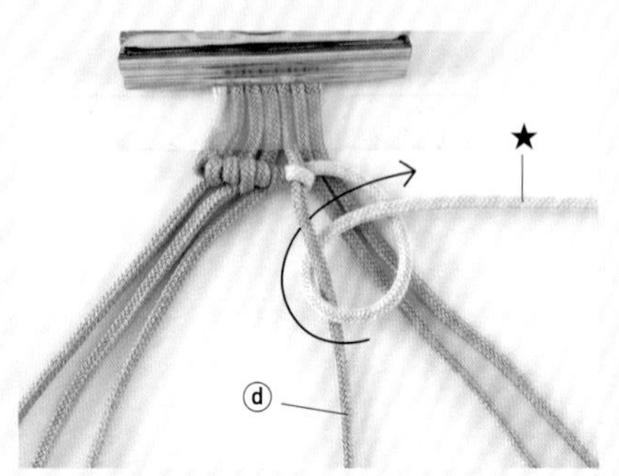

7 重複一次**5**和**6**，把編線纏繞在軸心線上。

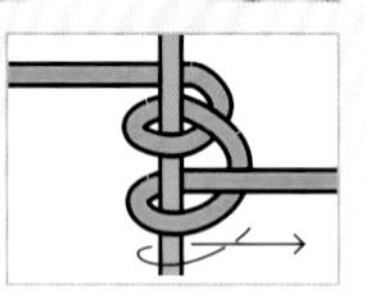

8 牢牢收緊編線。如此一來，就完成第1個將編線由左編向右的「縱捲結」。

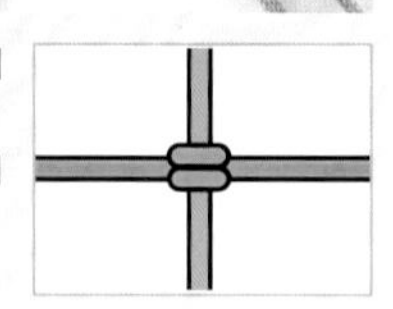

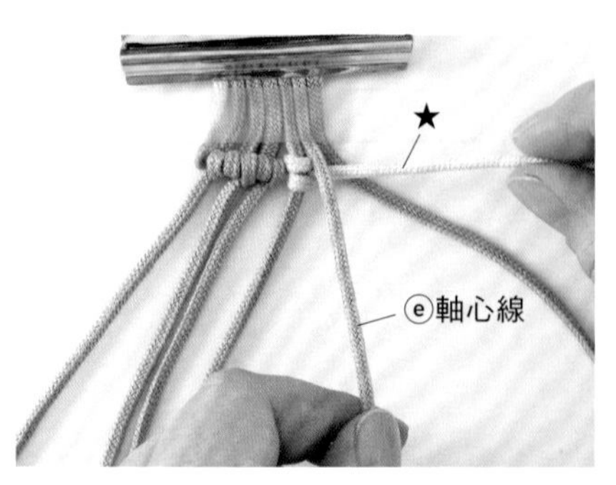

9 接著編下一個結目。右手的編線不變，軸心線換成ⓔ。重複**5**～**8**編出結目。

編第2段 縱捲結（編線由右往左編）

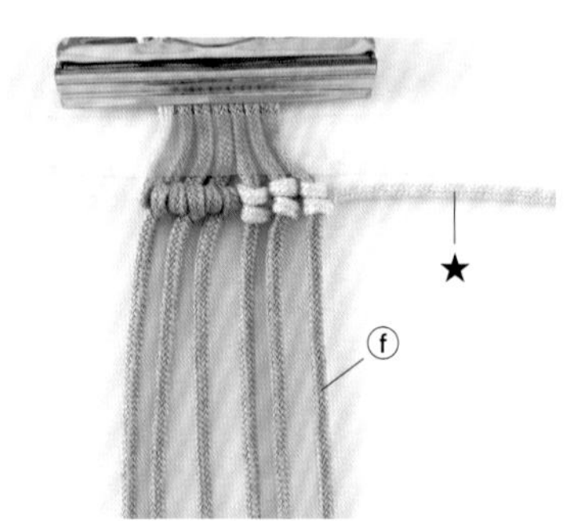

10 同樣以ⓕ線為軸心線，重複**4**～**8**編出結目。如此第1段就完成了。

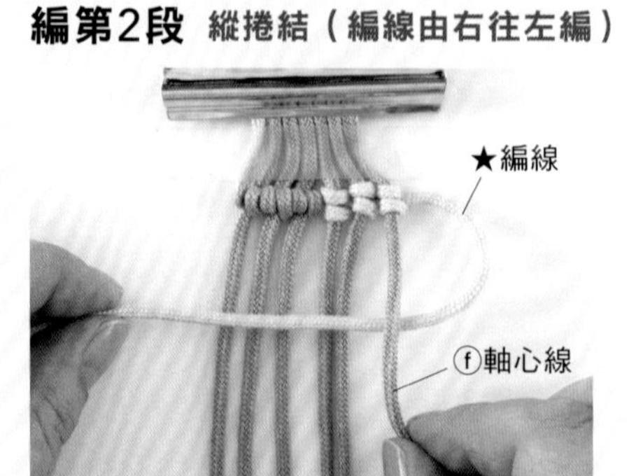

11 第2段一開始要編的是「縱捲結」。把右手拿著的軸心線ⓕ放在上方，左手拿著的編線★從ⓕ下方往左邊反折。

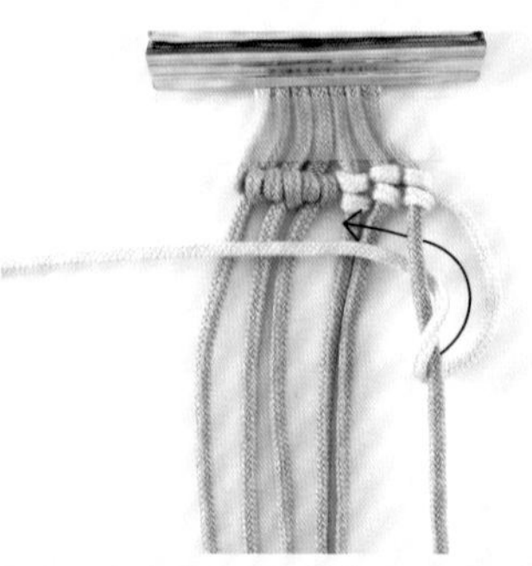

12 用編線纏繞軸心線，依圖示的方式繞上去。編線穿過軸心線後方，從左邊出來。

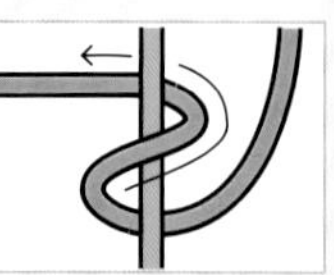

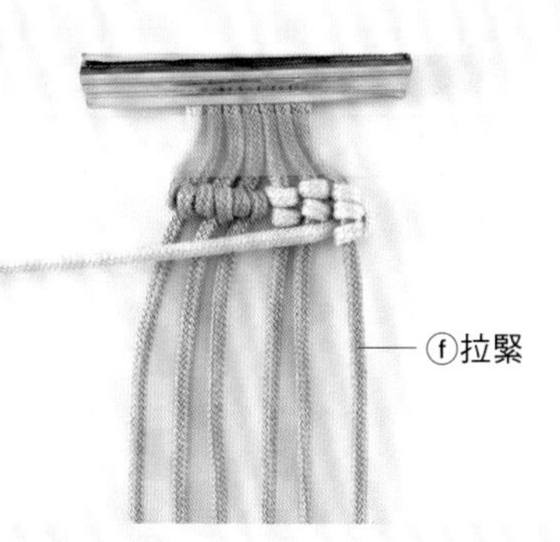

13 把右手的軸心線往自己的方向拉緊，慢慢收緊左手的編線。

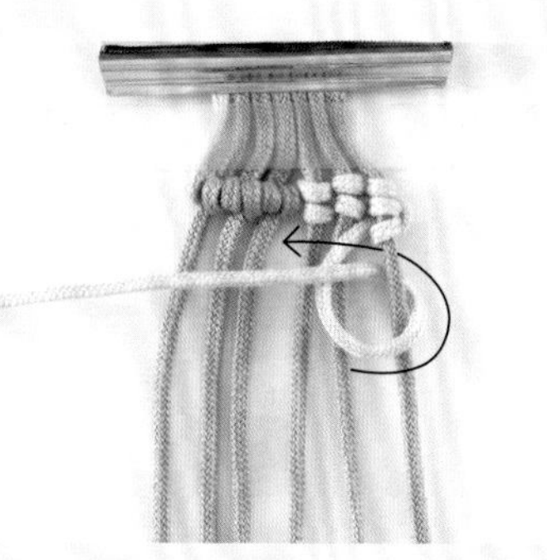

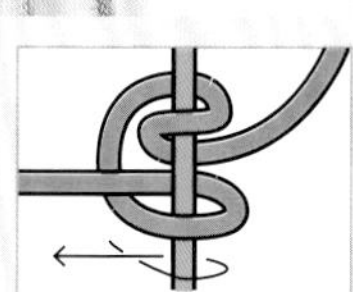

14 由於「纏繞2次才是1個結目」，因此要再重複一次12與13。

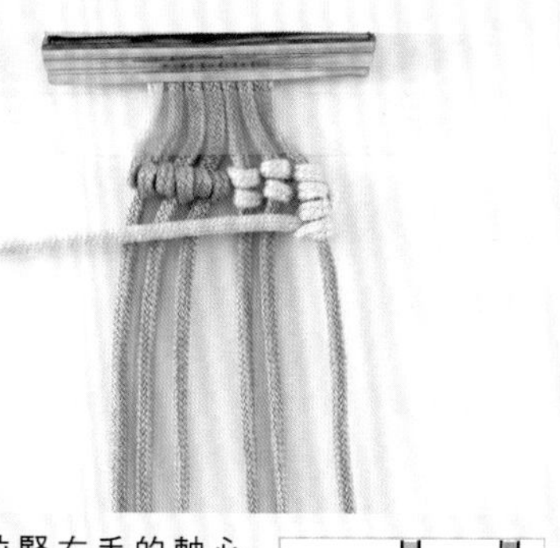

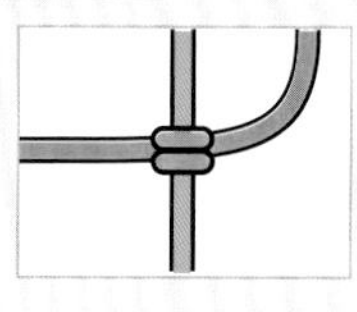

15 拉緊右手的軸心線，同時牢牢收緊編線。如此一來就完成第1個將編線由右往左編的「縱捲結」。

16 編線不變，軸心線則依序改變，編出第2個縱捲結。

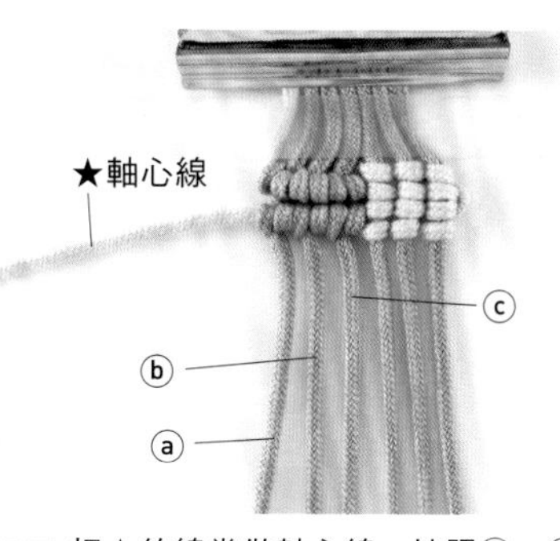

17 把★的線當做軸心線，按照ⓒ→ⓑ→ⓐ的順序依序編出3個橫捲結（P.37 11～14）。

編第3段

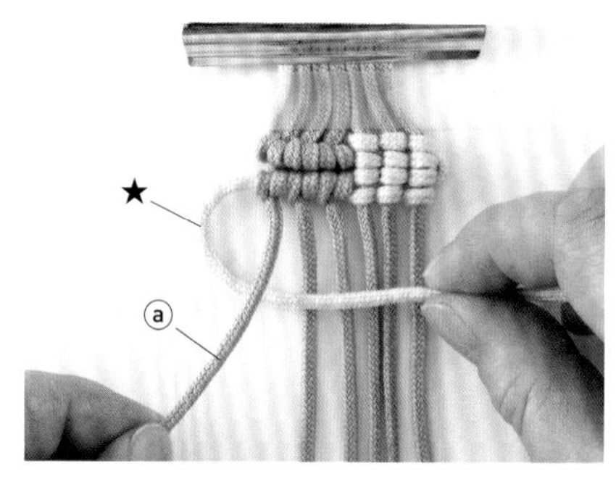

18 將軸心線ⓐ用左手拿著放在上方，把★用右手拿著，反折穿過ⓐ的下方當做編線。

19 編出3個縱捲結（參照4～8）。

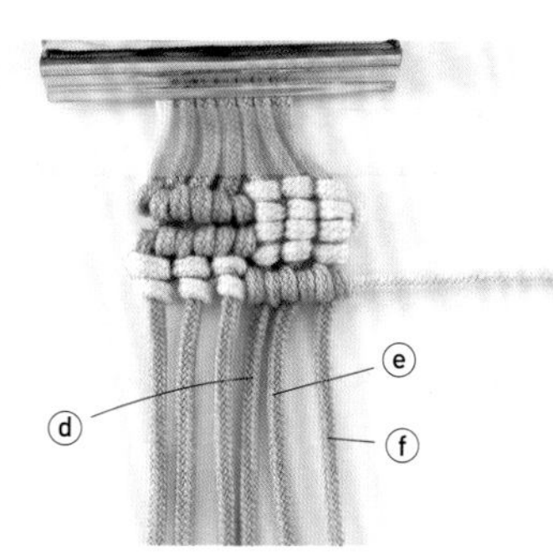

20 將★當做軸心線，按照ⓓ→ⓔ→ⓕ的順序依序編出3個橫捲結（P.36 4～8）。

編第4段

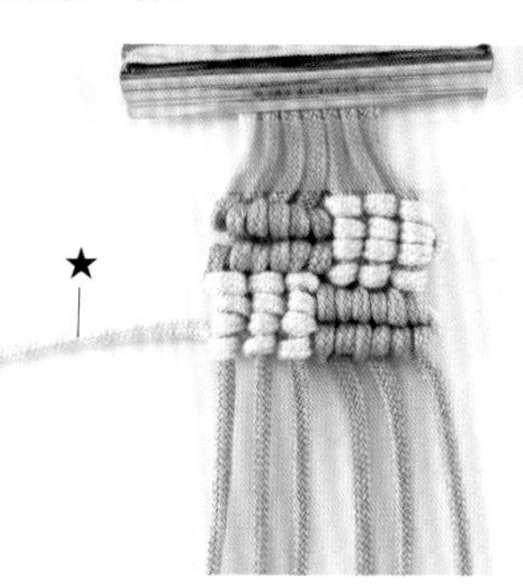

21 以★為軸心線，按照ⓕ→ⓔ→ⓓ的順序依序編出3個橫捲結，接著編3個縱捲結。1～4段才算是1組花樣，因此要反覆編出需要的長度。

條紋花樣

編條紋花樣時，一開始排列的繡線顏色就是幸運繩的花紋，
因此只要改變配色方式，就能做出無限多種變化。

49

Level ★★☆☆☆

[材料]
DMC 25號繡線
A ●：藍色（797）130cm×4條
A' ●：藍色（797）150cm×1條
B ●：淺橘色（967）130cm×4條

A'
78段
約13cm
A B

49

[成品尺寸]
長度約29cm

※頭尾兩端的三股編約8cm

50

Level ★★☆☆☆

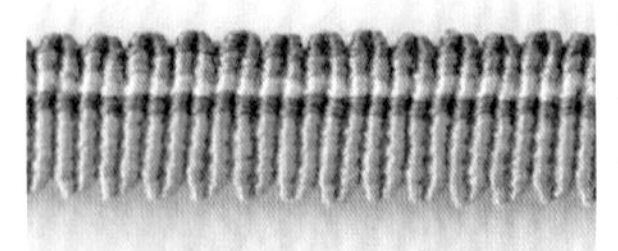

[材料]
DMC 25號繡線
A ○：嫩草綠（164）130cm×4條
A' ○：嫩草綠（164）150cm×1條
B ●：淺藍色（156）130cm×1條
C ●：奶油黃（746）130cm×1條
D ○：淺紫藤色（159）130cm×1條
E ●：青綠色（3810）130cm×1條

50

[成品尺寸]
長度約29cm

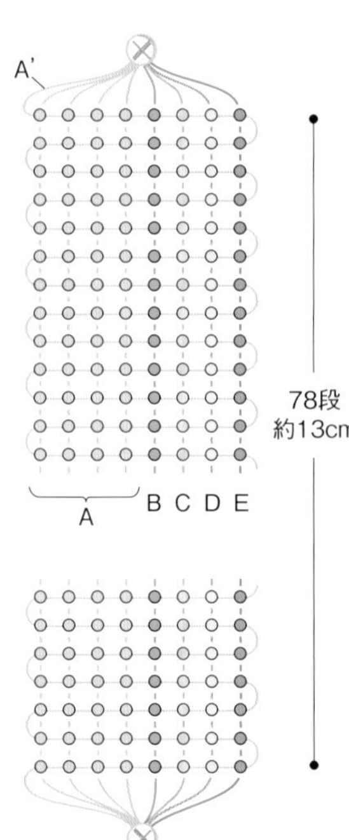

※頭尾兩端的三股編約8cm

格子花樣

若在條紋花樣中加入縱捲結編出的橫線，
就變成格子花樣。

51

Level ★★★☆☆

［材料］
DMC 25號繡線
A ●：淺茶色（613）120cm×4條
B ●：淺綠色（913）120cm×2條
C ●：玫瑰棕（3778）120cm×1條
C' ●：玫瑰棕（3778）240cm×1條

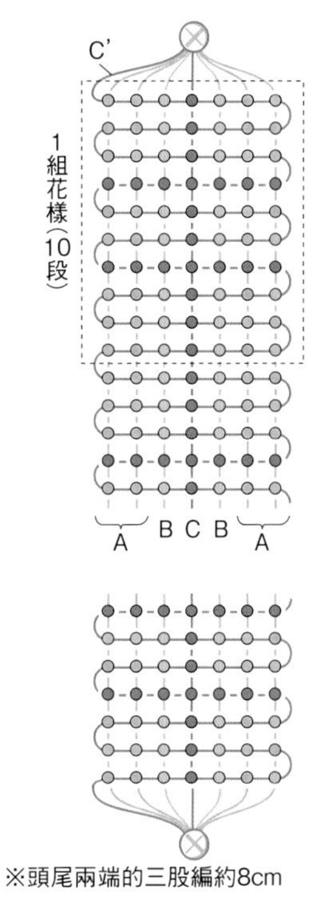

51
［成品尺寸］
長度約29cm

8組花樣
約13cm

※頭尾兩端的三股編約8cm

52

Level ★★★☆☆

［材料］
DMC 25號繡線
A ●：深灰色（3799）120cm×2條
B ●：淺茶色（613）120cm×2條
C ●：鉛灰色（413）120cm×2條
D ●：紅色（349）120cm×1條
D' ●：紅色（349）240cm×1條

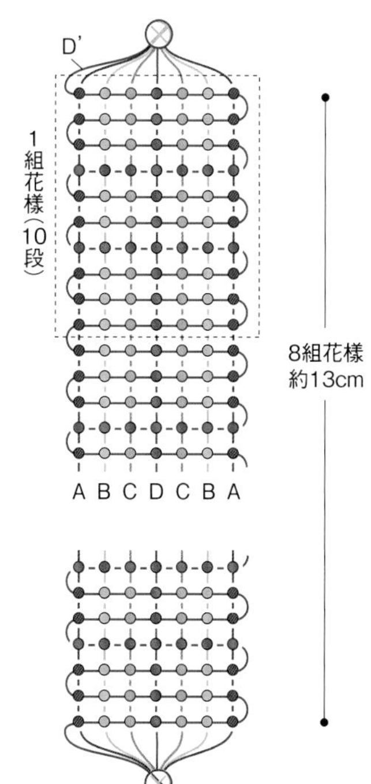

8組花樣
約13cm

※頭尾兩端的三股編約8cm

52
［成品尺寸］
長度約29cm

閃電形狀

只要將縱捲結的編織順序做點變化就好，
雖然看起來很難，編起來卻意外地簡單。

53

Level ★★★☆☆

[材料]
Olympus 25號繡線
A ●：灰色（413）130cm×1條
B ●：淺紺色（354）100cm×7條

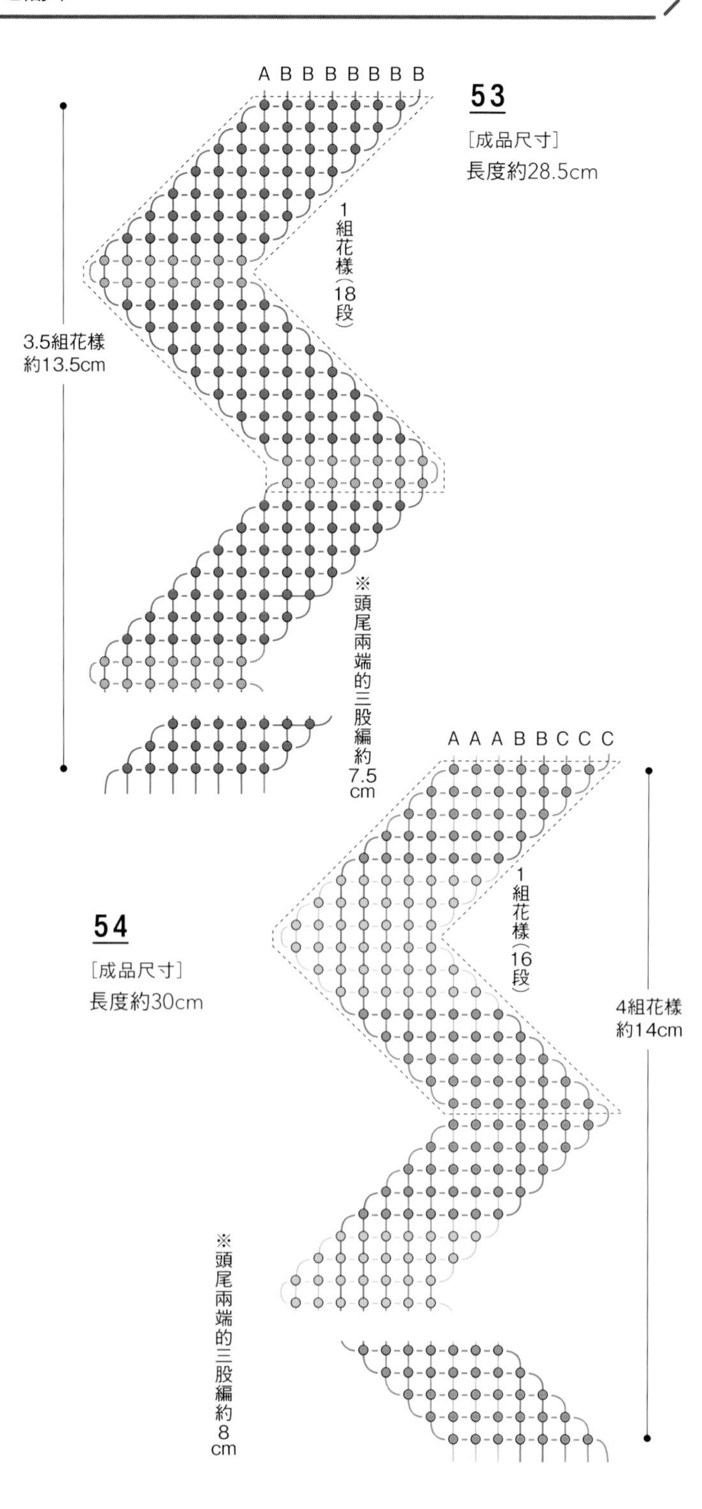

54

Level ★★★☆☆

[材料]
Olympus 25號繡線
A ●：淺黃綠色（251）100cm×3條
B ●：嫩草綠（274）100cm×2條
C ●：粉橘色（143）100cm×3條

55

Level ★★★★☆

［材料］
Olympus 25號繡線
A ●：茶色（758）120cm×3條
B ●：藍灰色（3043）120cm×3條
C ○：淺茶色（734）120cm×3條

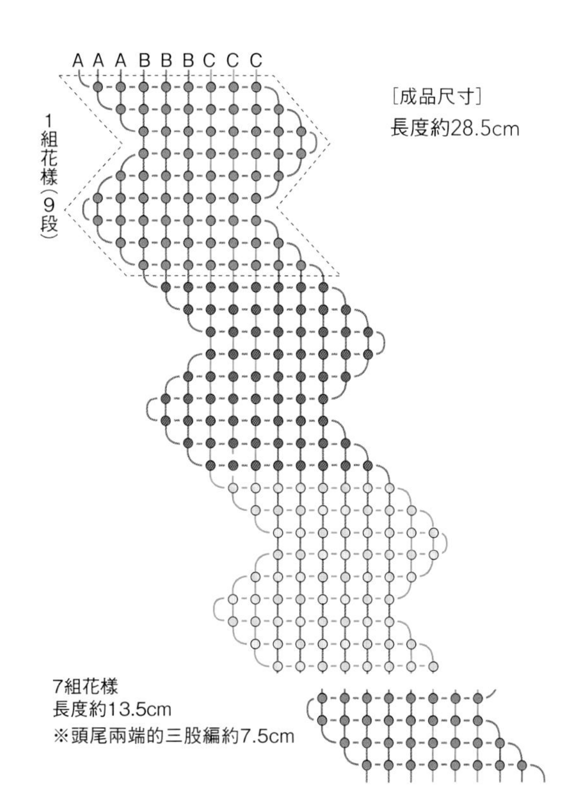

［成品尺寸］
長度約28.5cm

7組花樣
長度約13.5cm
※頭尾兩端的三股編約7.5cm

56

Level ★★★★☆

［材料］
Olympus 25號繡線
A ●：深灰色（415）130cm×2條
B ●：灰色（413）90cm×6條

［成品尺寸］
長度約28.5cm

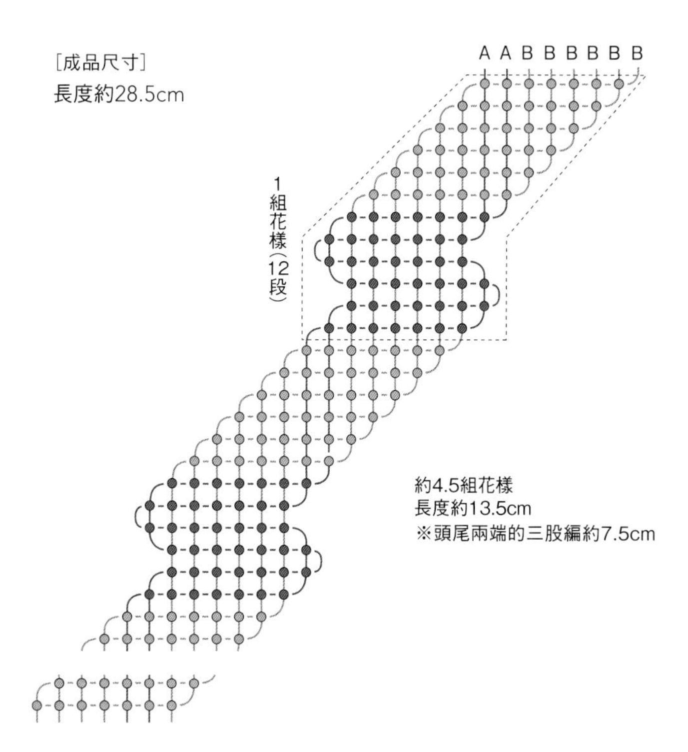

約4.5組花樣
長度約13.5cm
※頭尾兩端的三股編約7.5cm

字母花樣

57～82 Level ★★★☆☆

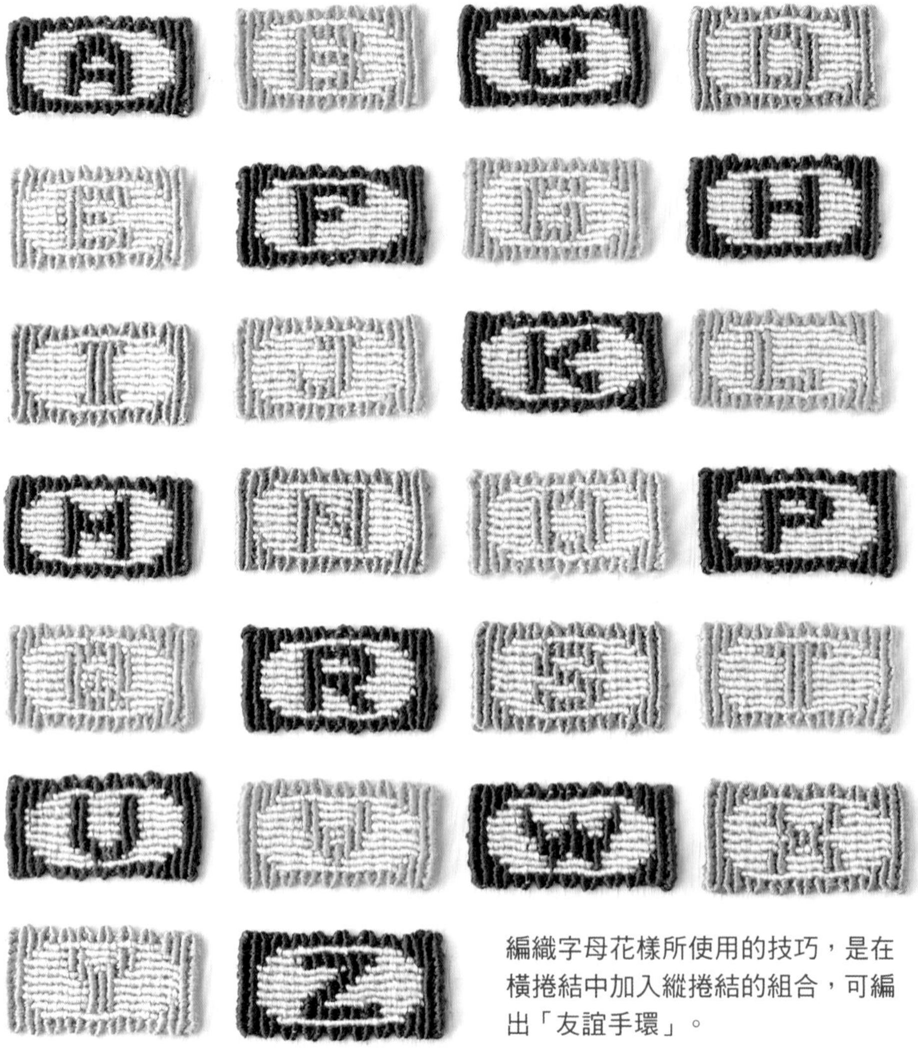

編織字母花樣所使用的技巧，是在橫捲結中加入縱捲結的組合，可編出「友誼手環」。

83～92 Level ★★★☆☆

若能編出字母與數字，就能隨心所欲編出像加油標語之類的幸運繩。

57 字母（A）

Level ★★★☆☆

［材料］
Cosmo 25號繡線
A■：藍色（166）40cm×11條
B□：水藍色（411）150cm×1條

B
A
1 5 10 15 19

ⓐⓑⓒⓓⓔⓕⓖⓗⓘⓙⓚ★

這是每個方格的詳細編法圖

A色的方格是橫捲結（結目為A色）

B色的方格是縱捲結（結目為B色）

在幸運繩的編法圖中，是以方格做為圖示。重點是「方格的顏色就是編線的顏色」。

準備

※為使編法更清楚且容易明瞭，這裡用的是粗繩。

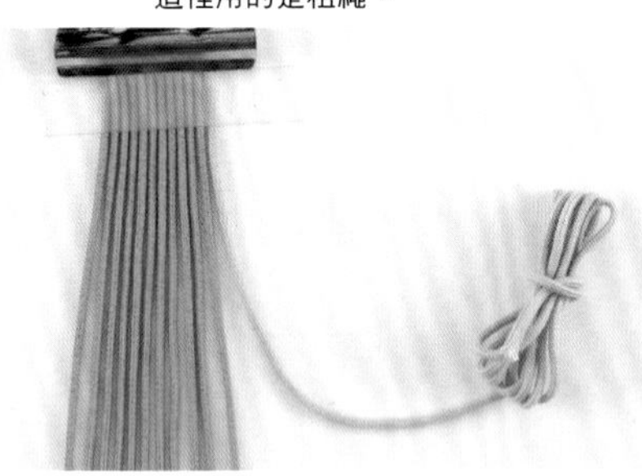

1 用來編成文字與外框的A色線ⓐ～ⓚ，加上B色的★，共計12條繡線，在離這12條線前端約15cm處（這是要編三股編的部分）用夾子夾好，固定在工作台上。

編第1～2段

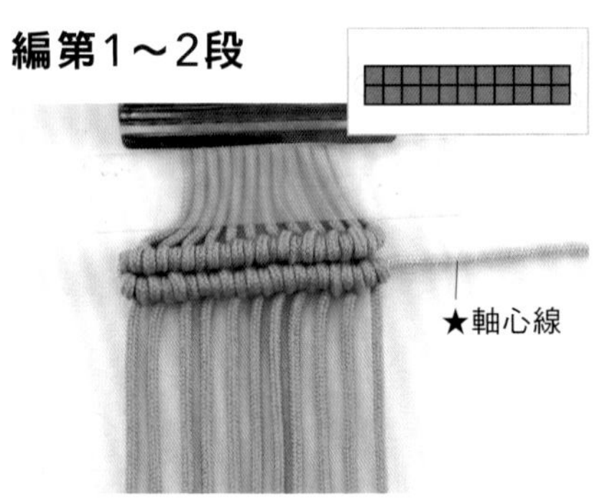

2 按照編法圖，以★為軸心線，ⓐ～ⓚ為編線，以橫捲結編法（參照P.36～37）編出2段。

編第3段

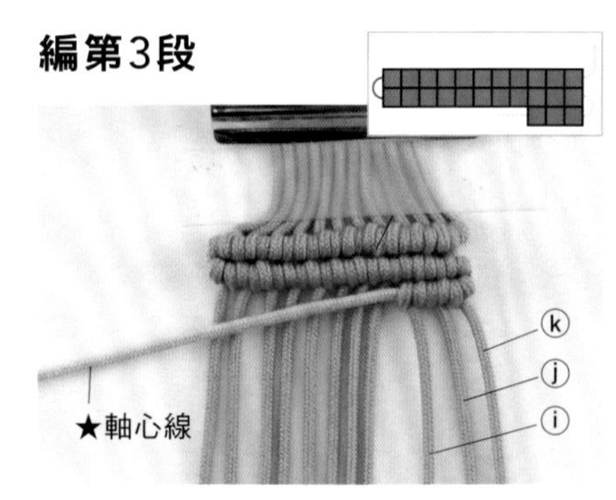

3 一開始用★當軸心線，以ⓚ→ⓙ→ⓘ為編線，按順序編出3個橫捲結。

★編線
ⓗ

4 第4個結目是B色的方格，因此要以★為編線，ⓗ為軸心線，編出縱捲結（P.40～41 **11～15**）。

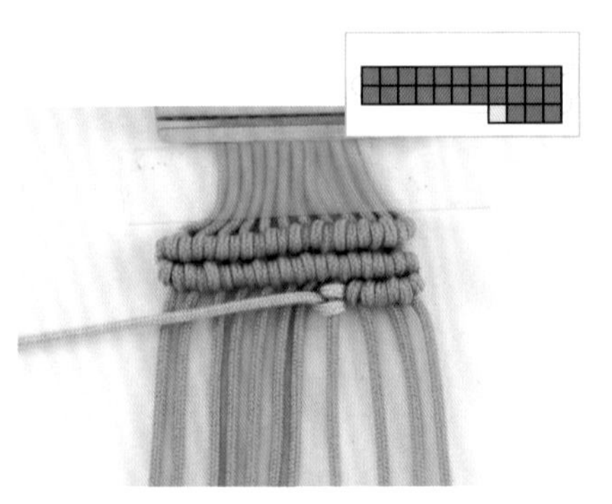

5 編好第4個結目的樣子。

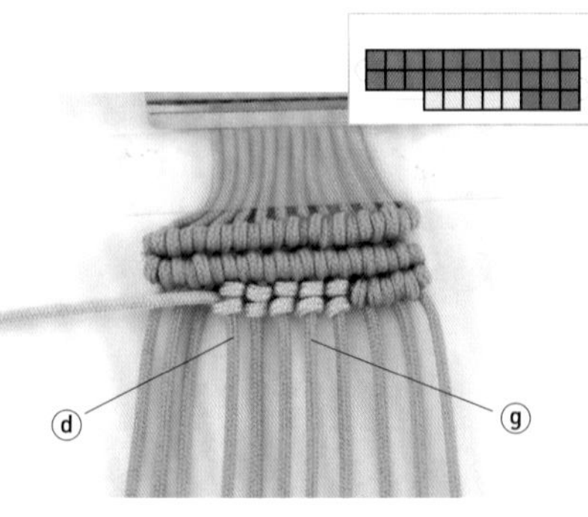

6 接下來，將軸心線依序換成ⓖ→ⓓ，編出縱捲結。

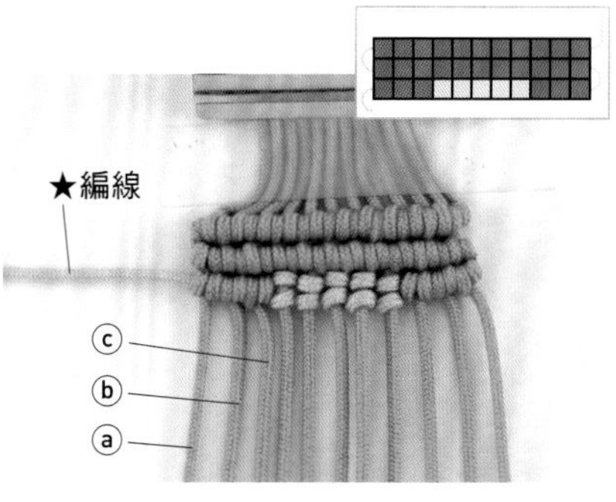

7 第9～11個結是以★為軸心線，以ⓒ→ⓑ→ⓐ為編線，依序編出橫捲結。

編第4～6段

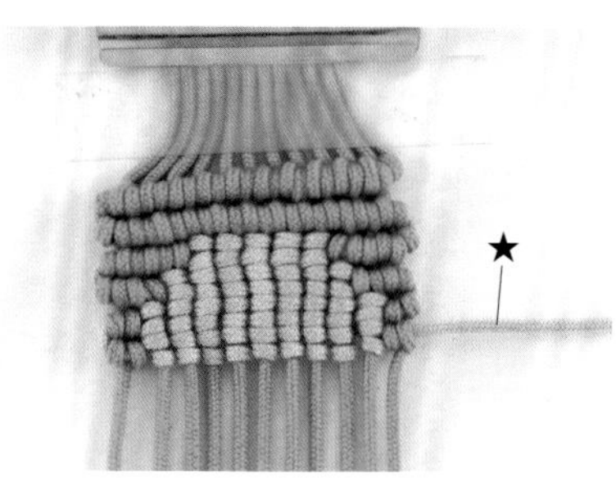

8 按照編法圖，將橫捲結與縱捲結搭配編織。

編第7段

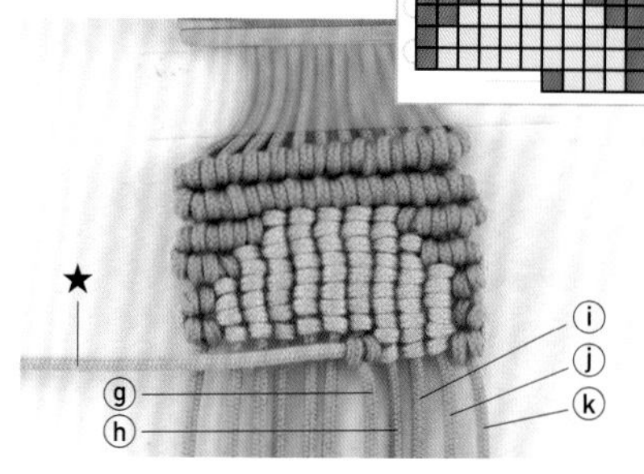

9 以★為軸心線，用ⓚ線編出第1個橫捲結，接著按順序用ⓙ→ⓘ→ⓗ編出3個縱捲結，再以★為軸心線，用ⓖ線編出1個橫捲結。

編第8段

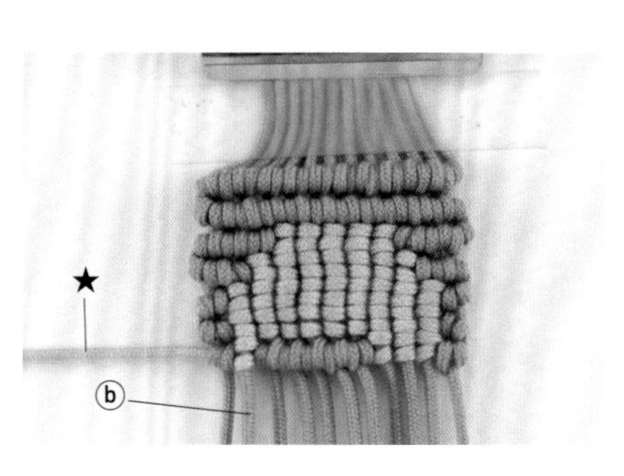

10 接著以★線為軸心線編出4個橫捲結，然後以ⓑ線為軸心線編出1個縱捲結，再以★線為軸心線編出1個橫捲結。

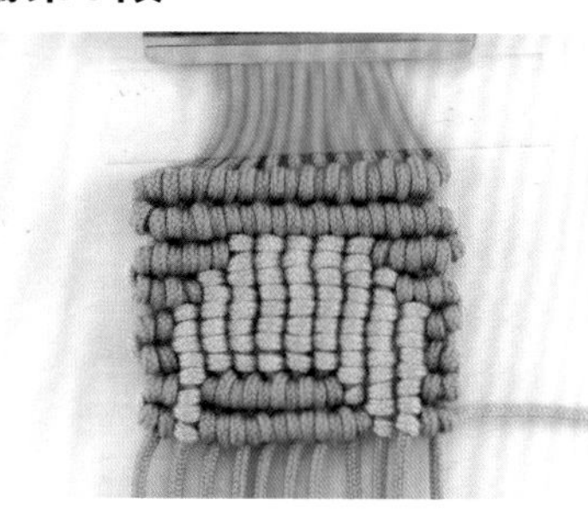

11 按照編法圖，將橫捲結與縱捲結搭配編織。編的時候為了盡量不要產生空隙，要將結目緊緊往上推，如此便能編得漂亮。

緯線的變更方法

若要在中途改變線的顏色，或是緯線不夠長的時候，用這個方法換線就不會在手環邊緣看到線頭。

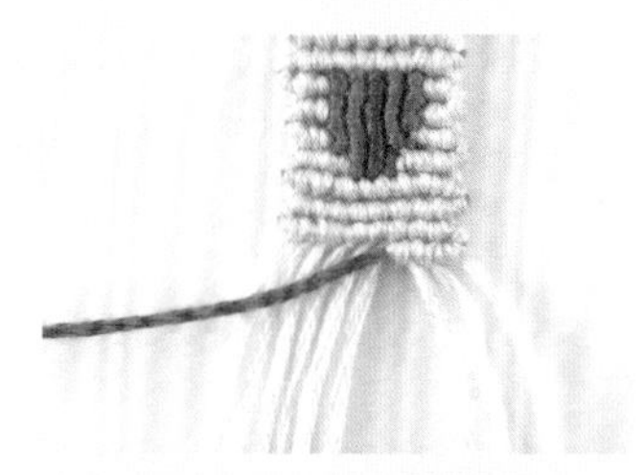

1 編到離邊緣大約第3個結目。

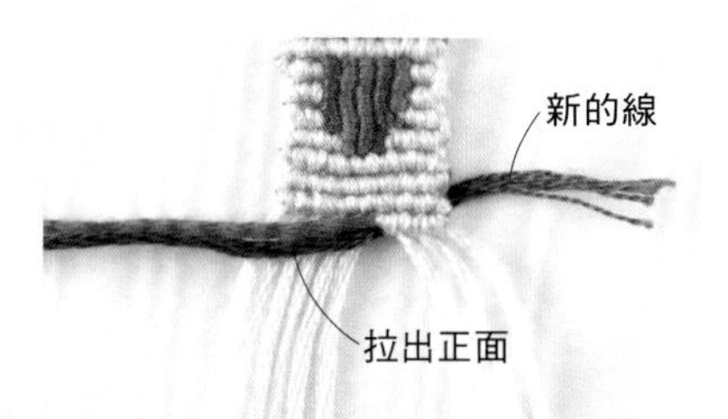

2 在緯線中加入新的線，並將新的線拉出到正面。

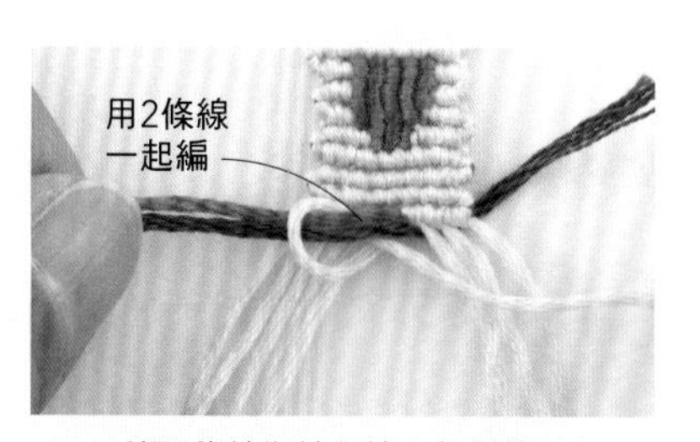

3 以這2條線為軸心線一起編結。

4 用2條線一起編出幾個結之後，將舊的軸心線拉到背面不用。

5 繼續用新的軸心線編織。

6 編了幾段之後，將舊的線頭剪斷。

［材料］

58～92 皆同

Cosmo 25號繡線
A：40cm×11條
B：150cm×1條

※編織起始與結束的線頭要穿過刺繡針，
用針穿過背面的線圈來收尾。

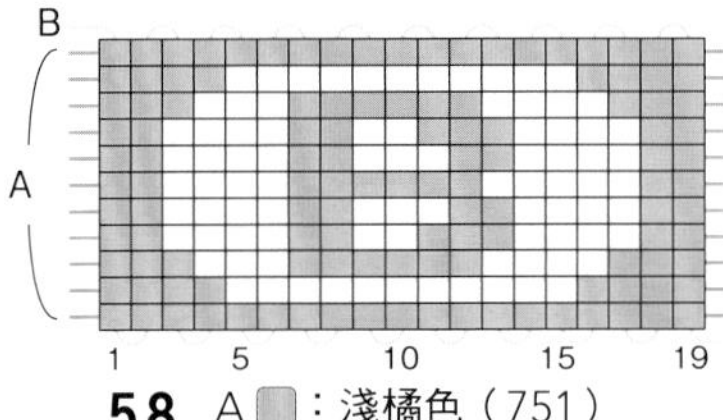

58 A：淺橘色（751）
B：淺水藍色（2211）

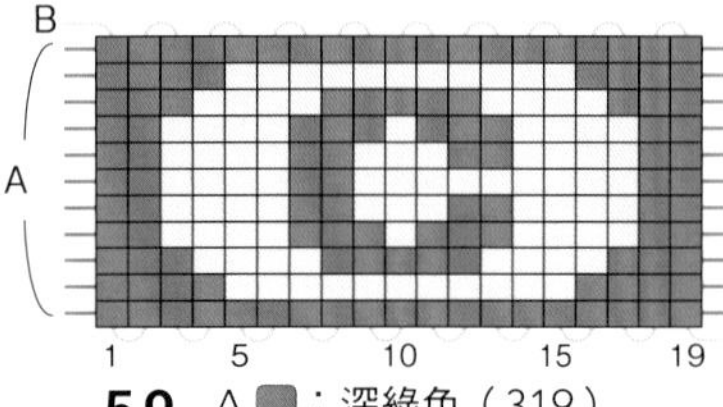

59 A：深綠色（319）
B：水藍色（411）

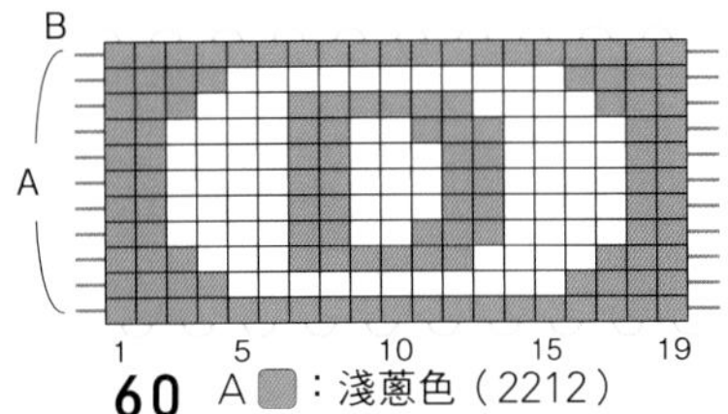

60 A：淺蔥色（2212）
B：淺水藍色（2211）

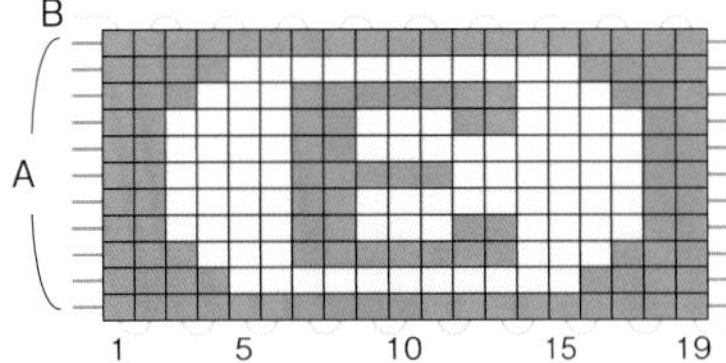

61 A：淺粉紅色（104）
B：水藍色（411）

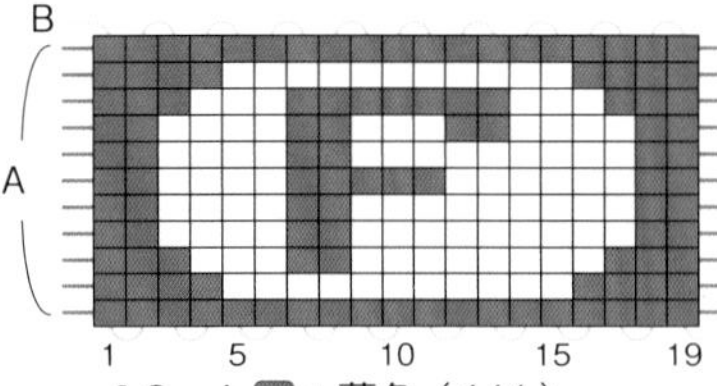

62 A：藍色（166）
B：淺水藍色（2211）

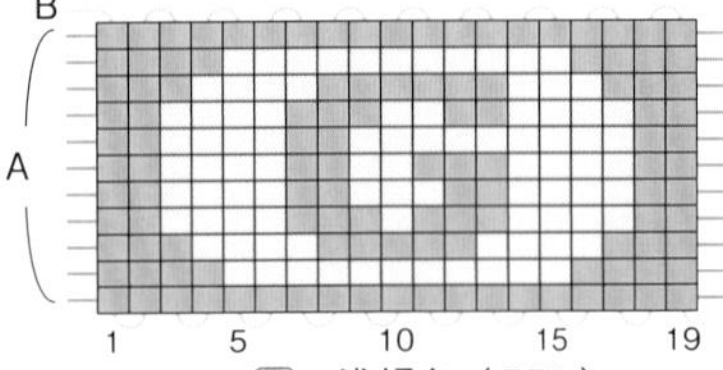

63 A：淺橘色（751）
B：水藍色（411）

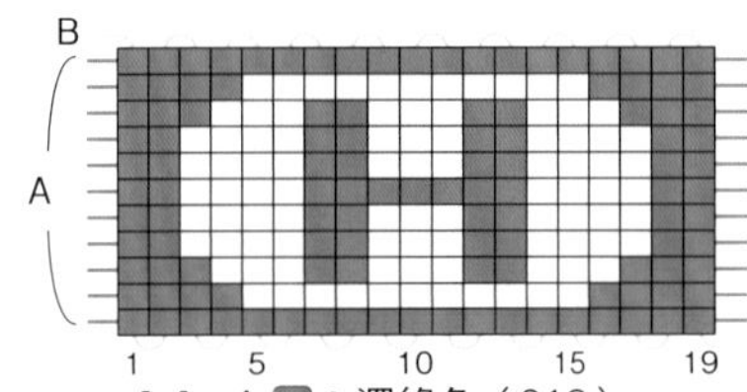

64 A：深綠色（319）
B：淺水藍色（2211）

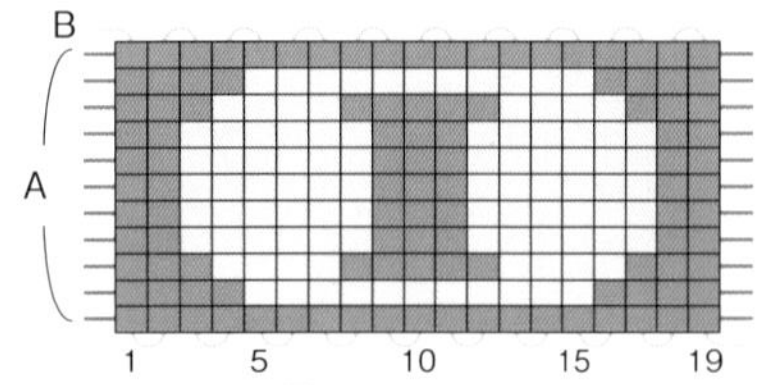

65 A：淺蔥色（2212）
B：水藍色（411）

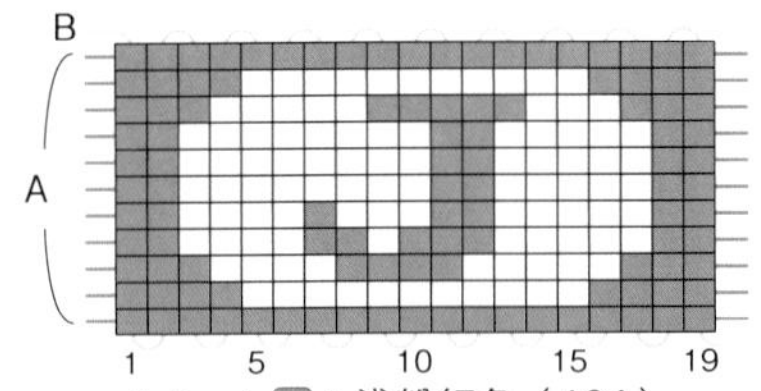

66 A：淺粉紅色（104）
B：淺水藍色（2211）

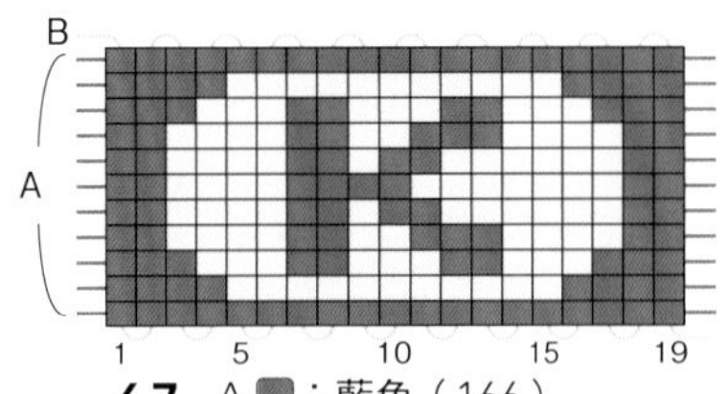

67 A：藍色（166）
B：水藍色（411）

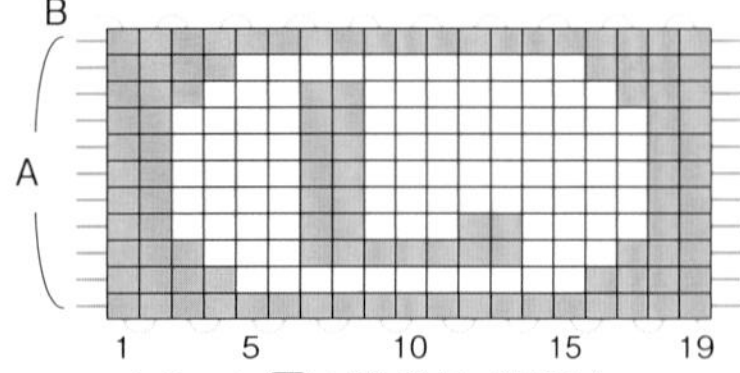

68 A：淺橘色（751）
B：淺水藍色（2211）

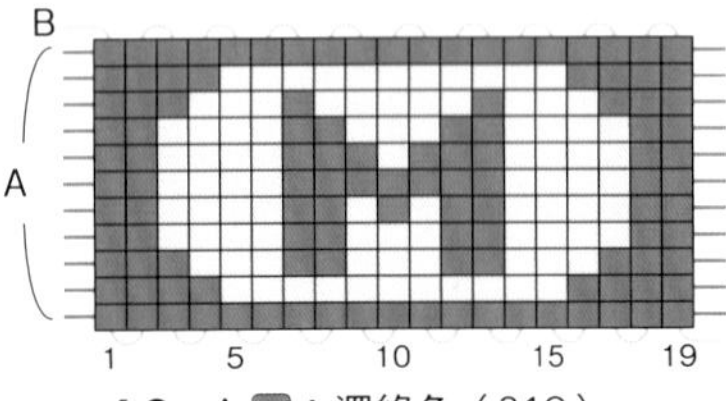

69 A：深綠色（319）
B：水藍色（411）

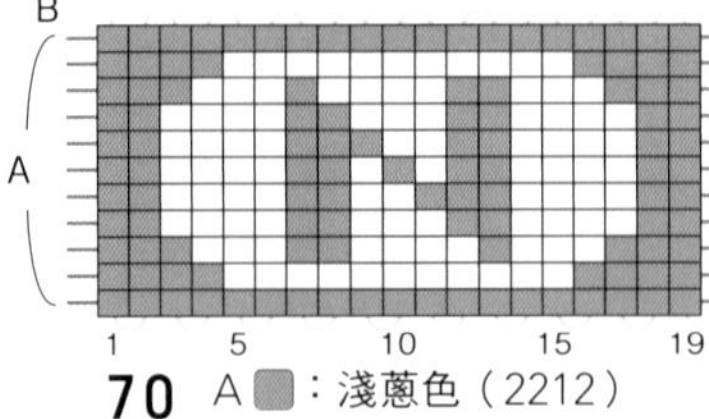

70 A：淺蔥色（2212）
B：淺水藍色（2211）

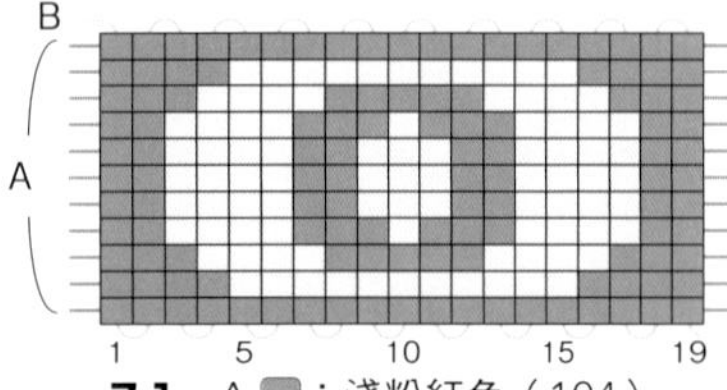

71 A：淺粉紅色（104）
B：水藍色（411）

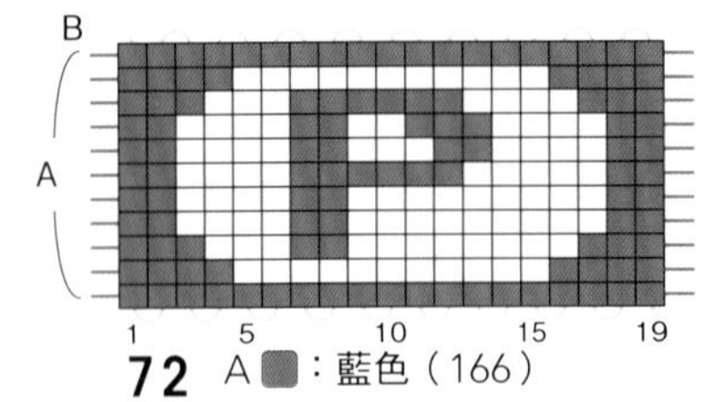

72 A：藍色（166）
B：淺水藍色（2211）

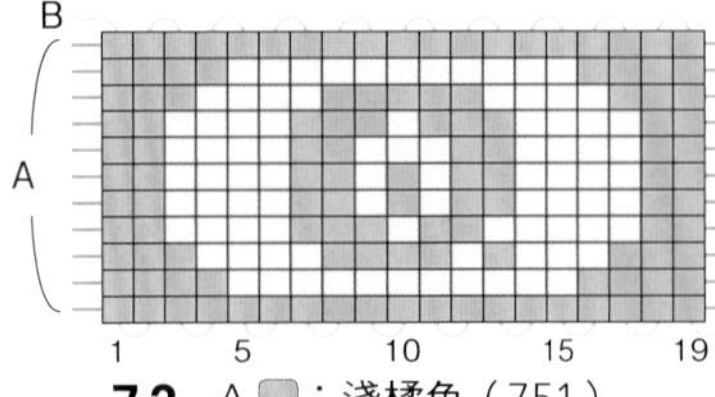

73 A：淺橘色（751）
B：水藍色（411）

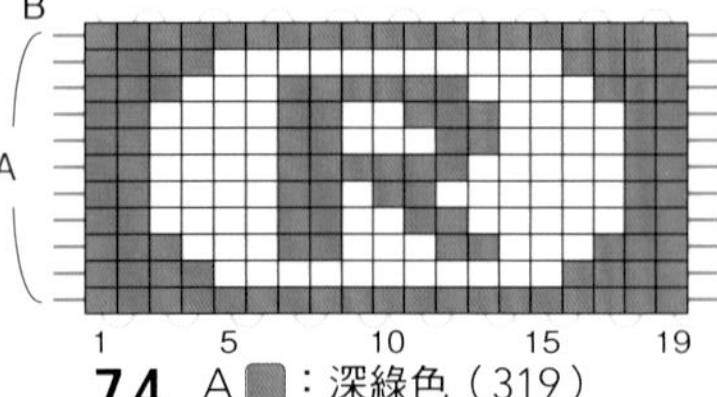

74 A：深綠色（319）
B：淺水藍色（2211）

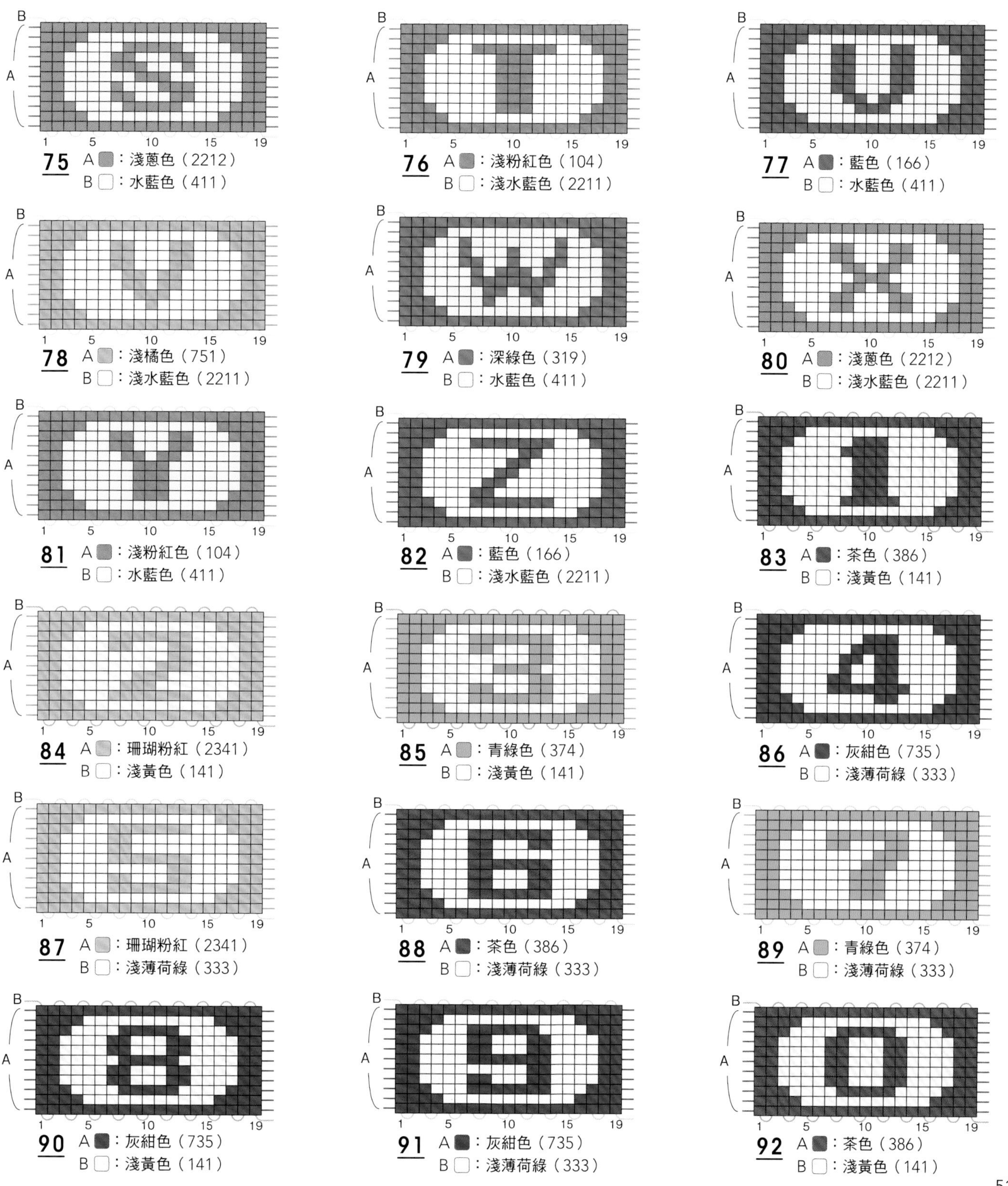

75 A：淺蔥色（2212）
B：水藍色（411）

76 A：淺粉紅色（104）
B：淺水藍色（2211）

77 A：藍色（166）
B：水藍色（411）

78 A：淺橘色（751）
B：淺水藍色（2211）

79 A：深綠色（319）
B：水藍色（411）

80 A：淺蔥色（2212）
B：淺水藍色（2211）

81 A：淺粉紅色（104）
B：水藍色（411）

82 A：藍色（166）
B：淺水藍色（2211）

83 A：茶色（386）
B：淺黃色（141）

84 A：珊瑚粉紅（2341）
B：淺黃色（141）

85 A：青綠色（374）
B：淺黃色（141）

86 A：灰紺色（735）
B：淺薄荷綠（333）

87 A：珊瑚粉紅（2341）
B：淺薄荷綠（333）

88 A：茶色（386）
B：淺薄荷綠（333）

89 A：青綠色（374）
B：淺薄荷綠（333）

90 A：灰紺色（735）
B：淺黃色（141）

91 A：灰紺色（735）
B：淺薄荷綠（333）

92 A：茶色（386）
B：淺黃色（141）

各種花樣

在幸運繩上編出可愛的花樣吧！
花樣是用方格做成的，只要編得熟練，就能做出獨創的花樣。

93

Level ★★★☆☆

[材料]
DMC 25號繡線
A ：淺黃色（745）200cm×1條
B ：黃綠色（703）120cm×2條
C ：水藍色（809）120cm×7條

94

Level ★★★☆☆

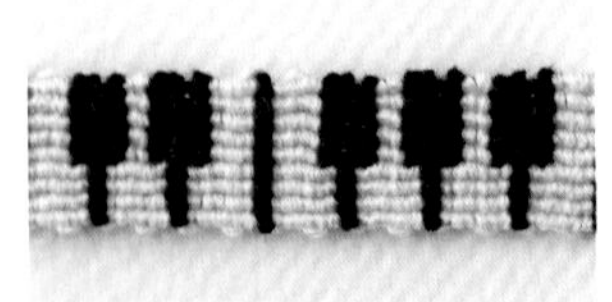

[材料]
DMC 25號繡線
A ：乳白色（3865）450cm×1條
B ：黑色（310）100cm×9條

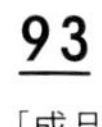

93

[成品尺寸]
長度約29cm

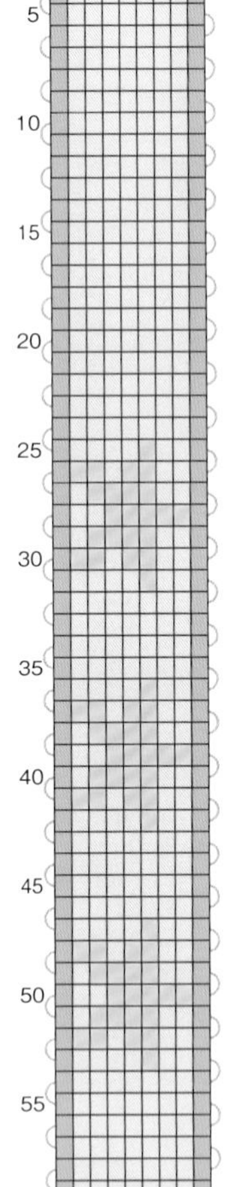

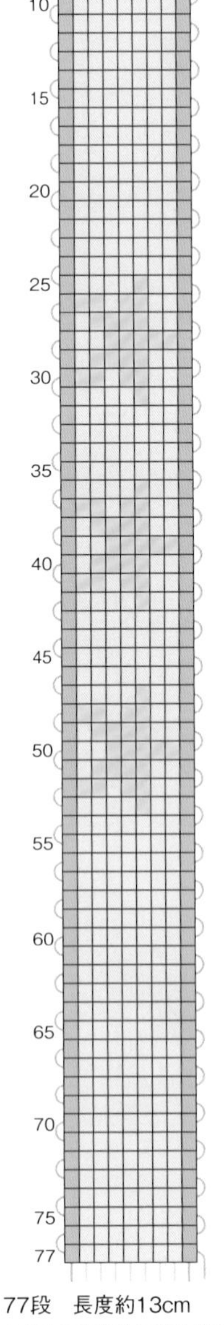

77段　長度約13cm
※頭尾兩端的三股編約8cm

94

[成品尺寸]
長度約28cm

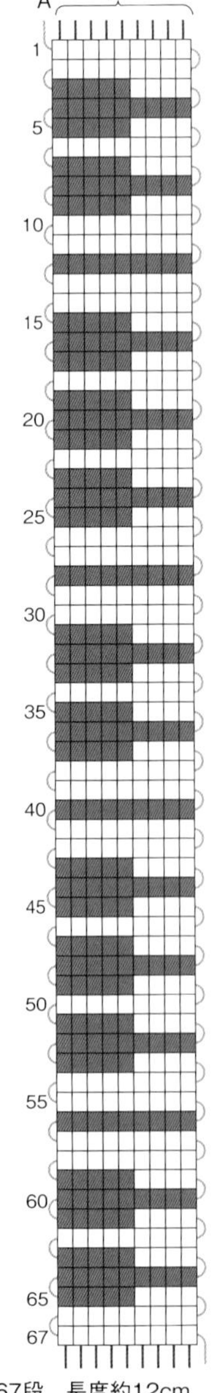

67段　長度約12cm
※頭尾兩端的三股編約8cm

95

Level ★★★☆☆

［材料］

DMC 25號繡線

A ■：珊瑚粉紅（3354）230cm×1條

B □：冰藍色（800）120cm×9條

95

［成品尺寸］

長度約28cm

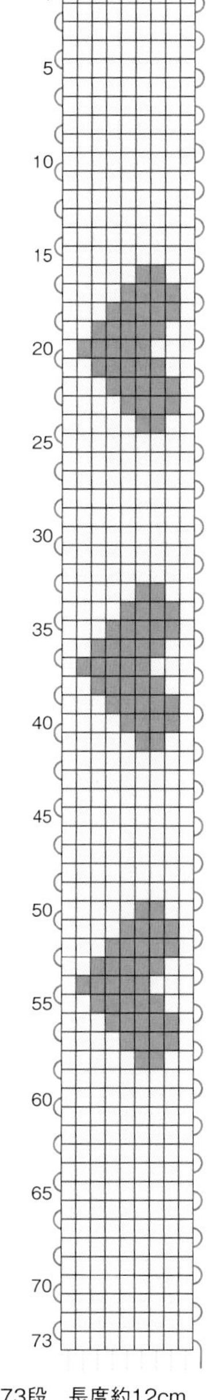

73段　長度約12cm

※頭尾兩端的三股編約8cm

96

Level ★★★☆☆

［材料］

DMC 25號繡線

A ■：杏粉色（224）250cm×1條

B ■：紫色（155）120cm×9條

C ■：杏粉色（224）120cm×2條

96

［成品尺寸］

長度約28cm

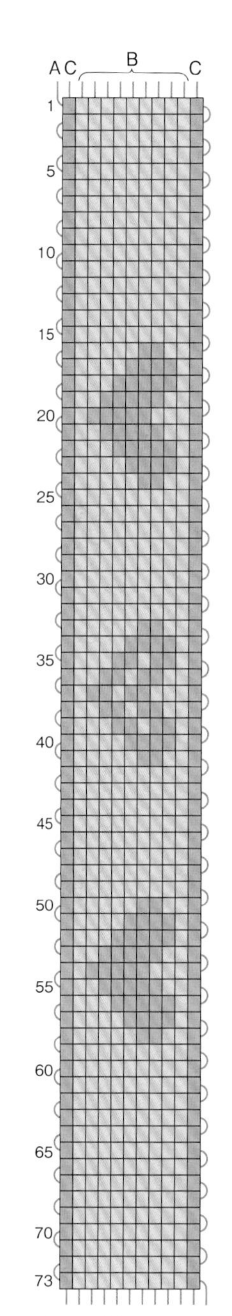

73段　長度約12cm

※頭尾兩端的三股編約8cm

標語

將字母或數字組合起來，做成加油標語吧！
建議配色方面可以使用搭配起來很鮮明的顏色。

97

Level ★★★☆☆

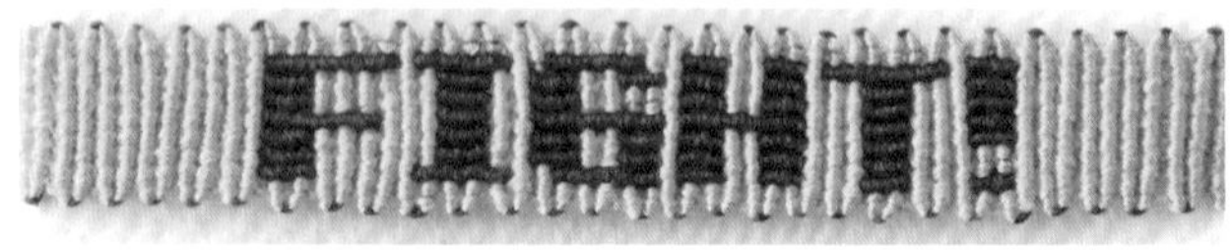

［材料］
DMC 25號繡線　A ■：朱紅色（351）250cm×1條
　　　　　　　B □：黃色（726）120cm×9條

98

Level ★★★☆☆

［材料］
DMC 25號繡線　A □：乳白色（3865）230cm×1條
　　　　　　　B ■：朱紅色（351）110cm×9條

97　［成品尺寸］
長度約28cm

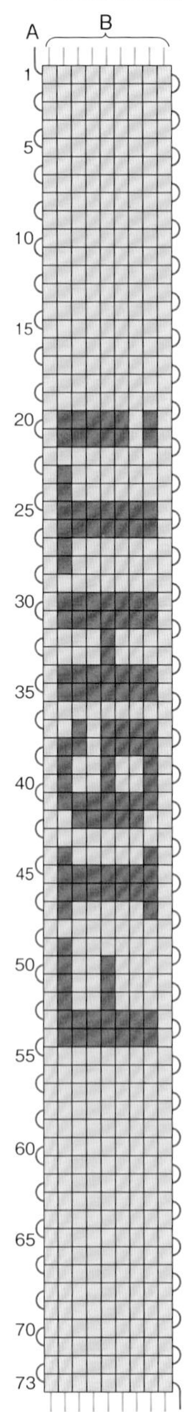

73段　長度約12cm
※頭尾兩端的三股編約8cm

98　［成品尺寸］
長度約28cm

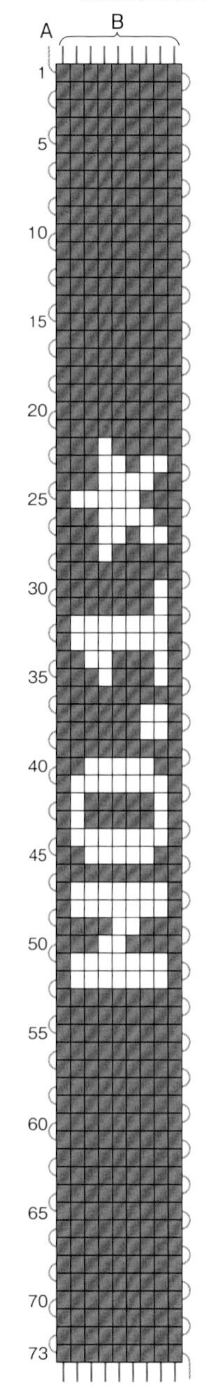

73段　長度約12cm
※頭尾兩端的三股編約8cm

99

Level ★★★☆☆

［材料］

DMC 25號繡線　A：淺鮭魚紅（353）250cm×1條

B：粉紅色（602）110cm×9條

100

Level ★★★★★

［材料］

DMC 25號繡線　A：朱紅色（351）70cm×2條

B：乳白色（3865）100cm×9條

C：紺色（336）310cm×1條

99

［成品尺寸］

長度約28cm

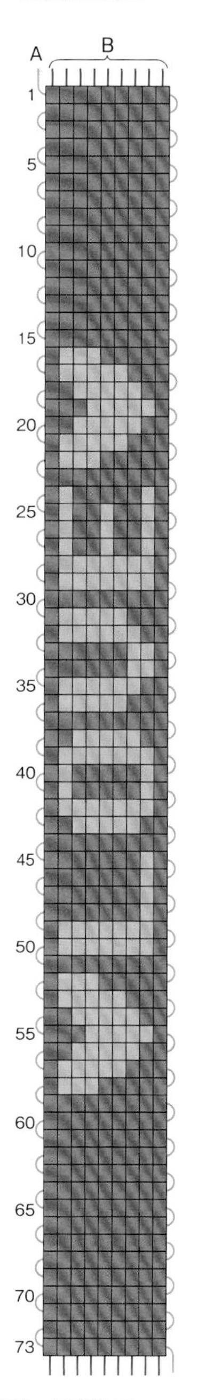

73段　長度約12cm

※頭尾兩端的三股編約8cm

100

［成品尺寸］

長度約28cm

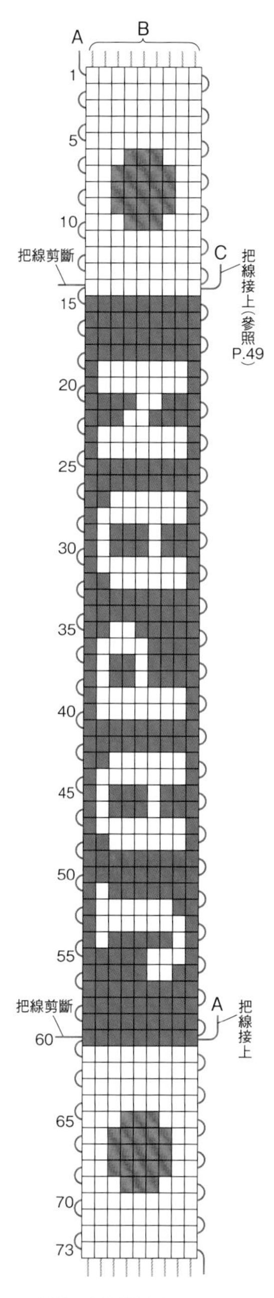

73段　長度約12cm

※頭尾兩端的三股編約8cm

細的幸運繩

輪結

只是穿過環打結而已就能簡單做出手環。這種細的幸運繩只戴一條也很不錯，不過若多戴幾條，會更可愛喔！

102

101

101,102
輪結

Level ★★★★★

[材料] 101
DMC 25號繡線
A ■：茶色（839）90cm×1條
B ■：杏粉色（224）
90cm×1條
C ■：淺灰色（762）90cm×1條
D ■：灰紺色（930）90cm×1條

[材料] 102
DMC 25號繡線
■：灰薄荷綠（503）
60cm×3條、160cm×1條
※102是顏色不變，以160cm的線做為編線，重複1～4所編織出來的。

[成品尺寸] 長度約30cm

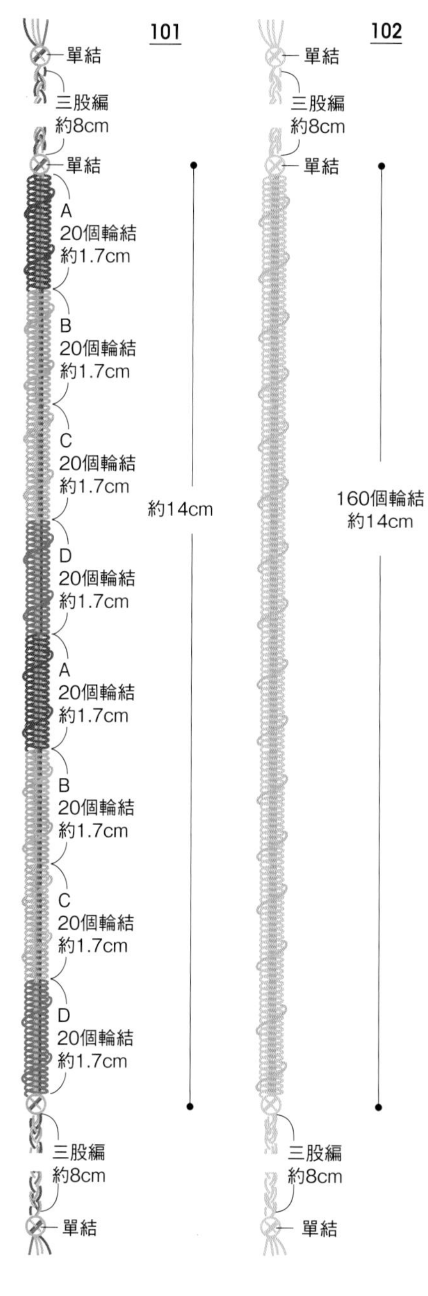

※為使編法更清楚且容易明瞭，這裡用的是粗繩。

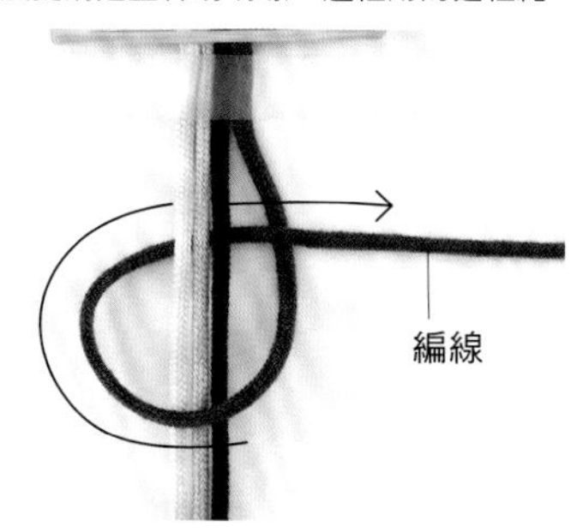

1 將繡線剪成指定的長度，用夾子與膠帶固定。當成軸心線的3條線用左手拉直，編線通過軸心線上方，再從軸心線編線之間拉出來。

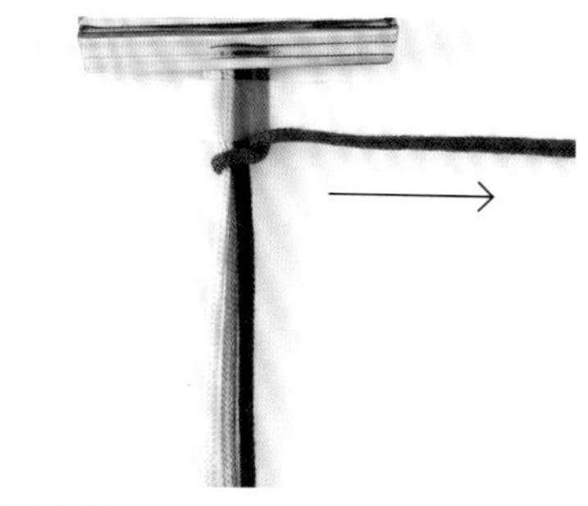

2 收緊編線。

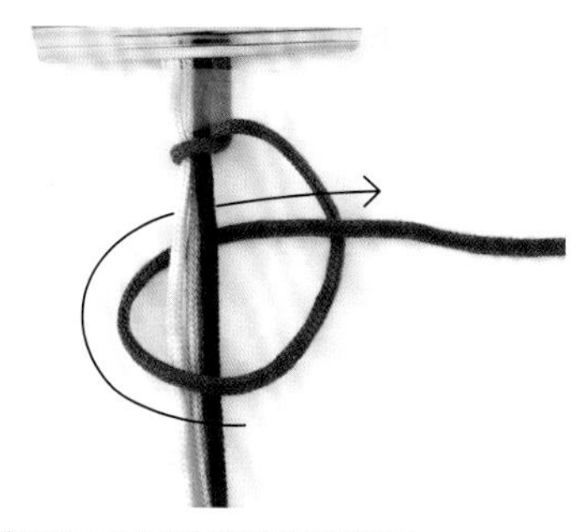

3 用與1和2相同的做法編出結目。

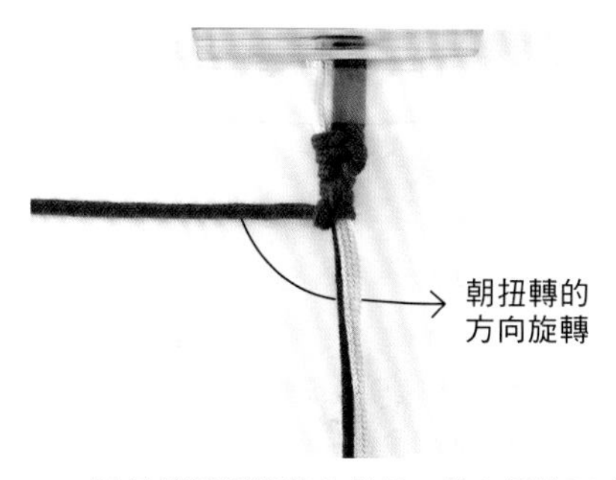

4 這是連續編織後的樣子。若在編結目時一面編一面扭轉編線，編出的結就會朝扭轉的方向旋轉。

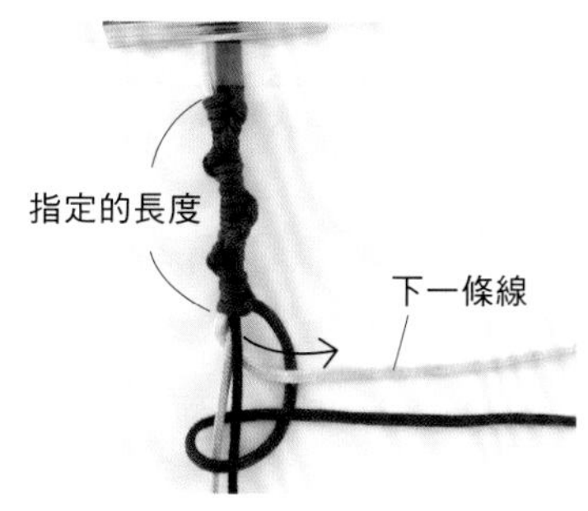

5 編到指定的長度後，在編最後的結時，要把下一條線從環中間拉出來。

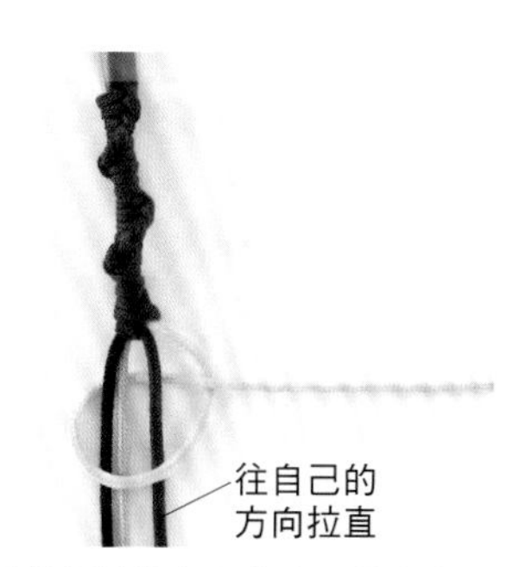

6 把剛才用的編線往自己的方向拉直當成軸心線，用下一條線重複1和2來編結。

捲結

只是把線一圈圈纏繞上去而已，因此很快就能完成。變換顏色的方法也很簡單，請用喜歡的配色來做做看。

104

103

103,104
捲結

Level ★★★★★

［材料］
103
DMC 25號繡線
A ▬：抹茶綠（988）60cm×2條
B ▬：淺芥末黃（834）60cm×2條
C ▬：薄荷綠（964）60cm×2條
D ▬：深粉紅色（718）60cm×2條

［材料］
104
DMC 25號繡線
A ▬：深薄荷綠（3849）60cm×2條
B ▬：橘色（352）60cm×2條
C ▬：蛋黃色（677）60cm×2條
D ▬：深綠色（500）60cm×2條

［成品尺寸］ 長度約29cm

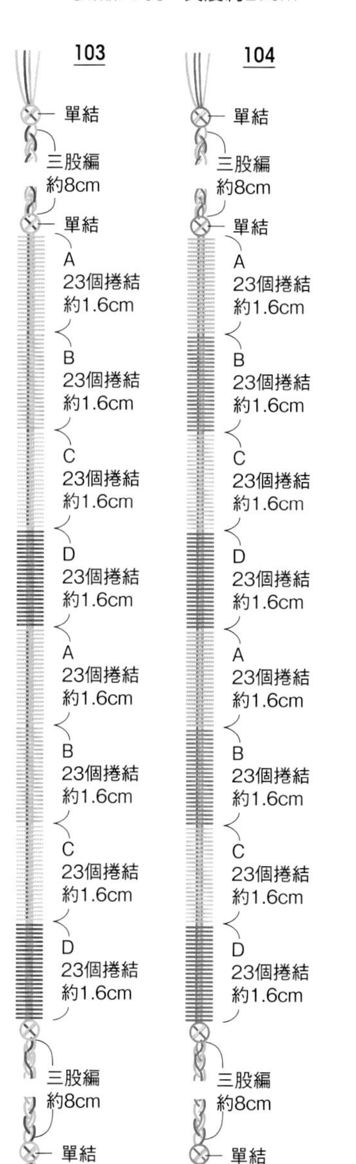

※為使編法更清楚且容易明瞭，這裡用的是粗繩，並減少使用的線條數。

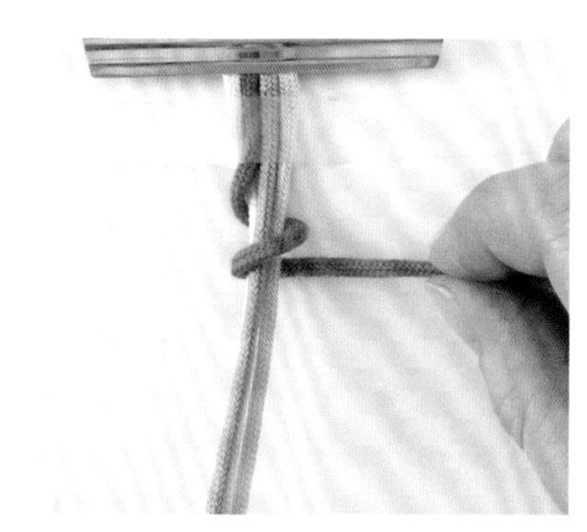

1 將繡線剪成指定的長度，用夾子與膠帶固定。有7條線是軸心線，用剩下的1條線纏繞上去。

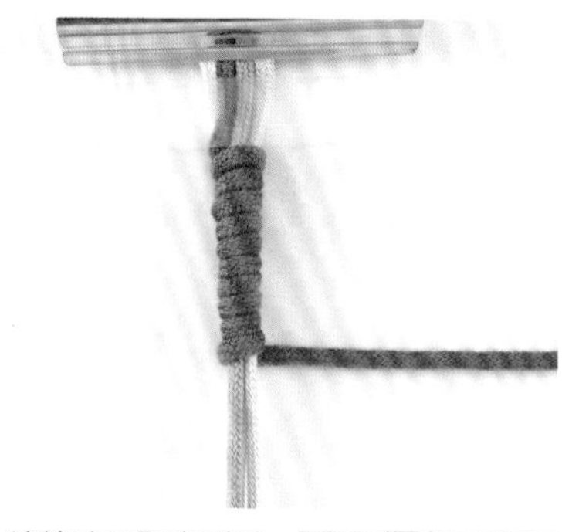

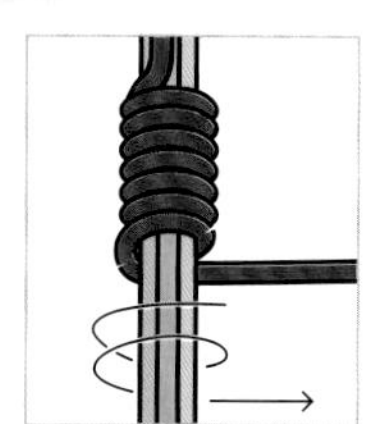

2 纏線時要緊密到看不見軸心線，牢牢地纏繞上去。

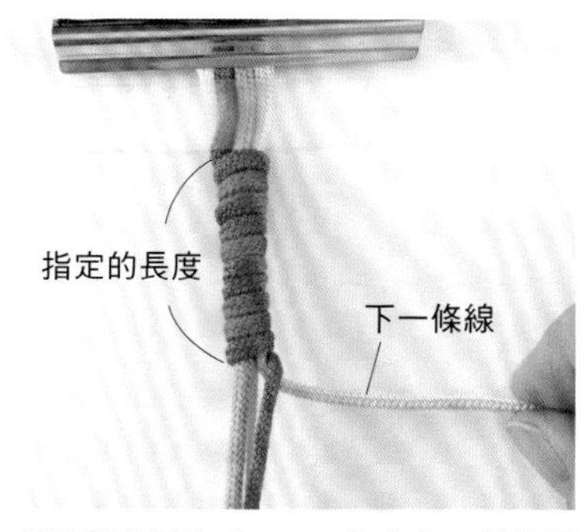

3 纏到指定長度（1.6cm）之後，就換下一條線當編線。

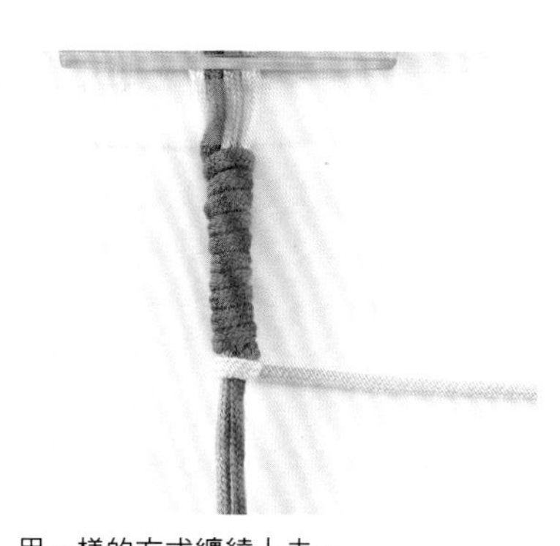

4 用一樣的方式纏繞上去。

加一點變化

105

＋吊飾

Level ★★★★★

只要在P.56的輪結幸運繩上加入一個小吊飾，就變成既漂亮又可愛的飾品。

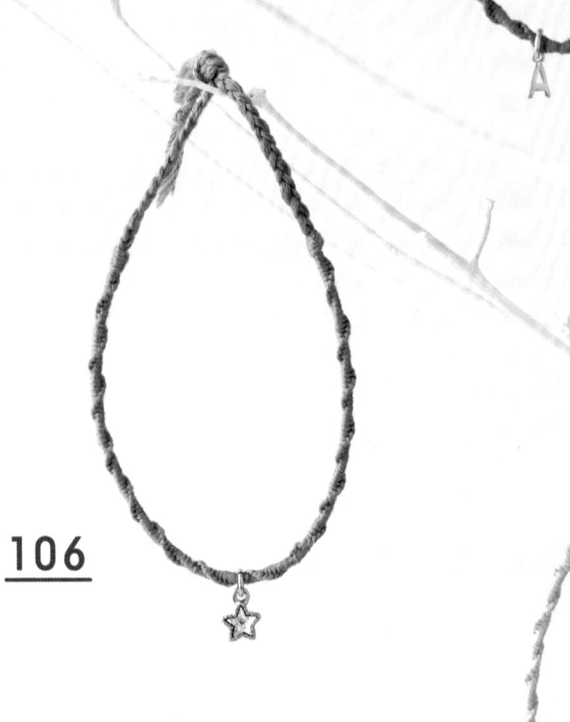

106

107

圓形環 小吊飾

※編法圖請參照P.57的102

［材料］

DMC 25號繡線

105 ■：鮭魚紅（3833）
60cm×3條、160cm×1條

106 ■：淺紫色（554）60cm×3條、160cm×1條

107 ■：薄荷綠（964）60cm×3條、160cm×1條

共同配件：小吊飾、圓形環　各1個

＋錶頭

Level ★★★★★

編一條寬幸運繩，再穿過一個錶頭，就變成手錶了！是個華麗又能配合穿搭的配件。

108

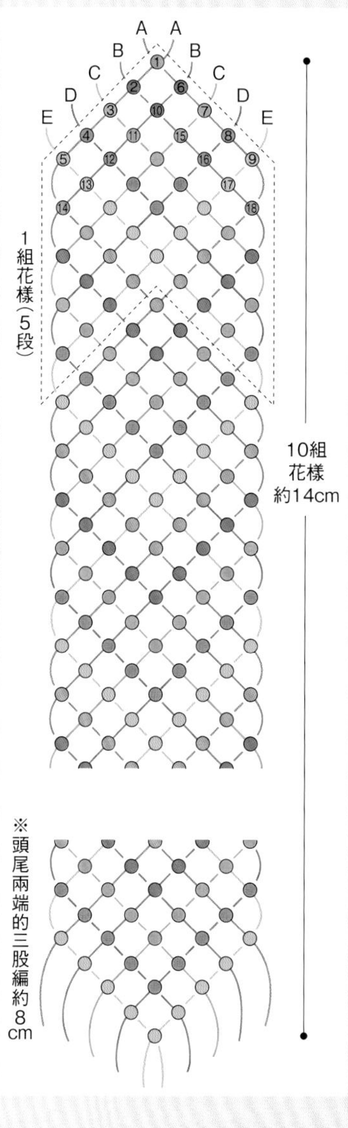

[材料]

DMC 25號繡線

A ●：灰紫色（3042）210cm×2條

B ●：淺藍色（156）210cm×2條

C ●：淺粉紅色（225）210cm×2條

D ●：橘色（352）210cm×2條

E ●：淺黃綠色（966）210cm×2條

手錶頭　1個

素色

用單一顏色編出來的幸運繩，會浮現出斜紋或V字型的紋路，可以欣賞花樣。
建議可用鮮豔的顏色來編。

109

Level ★★★★★

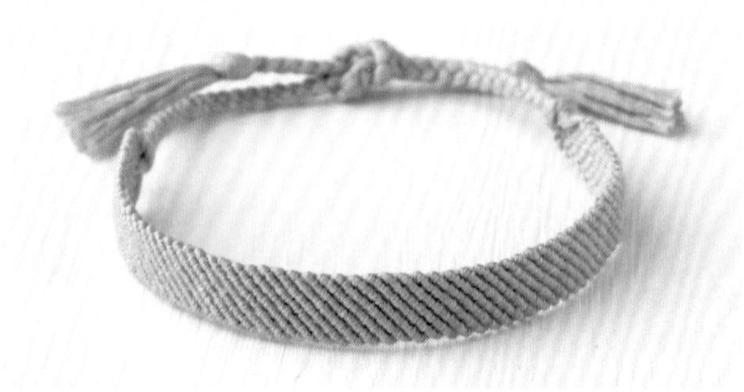

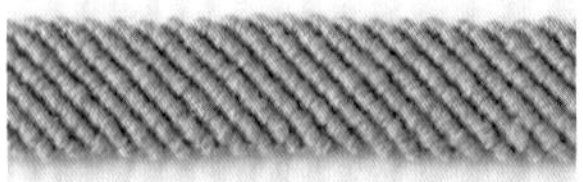

［材料］
Olympus 25號繡線
●：天藍色（2041）100cm×9條

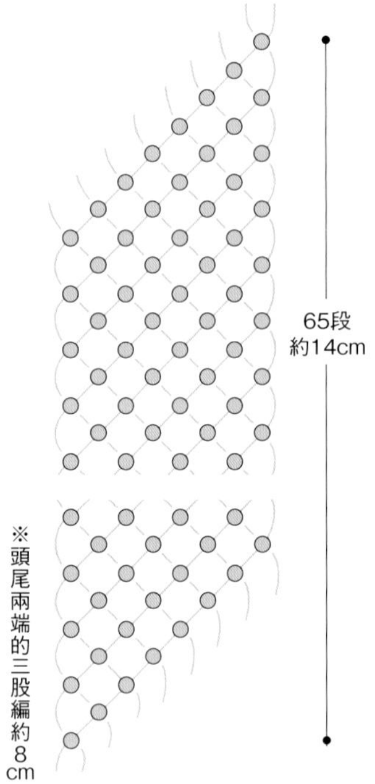

65段
約14cm
※頭尾兩端的三股編約8cm

109
［成品尺寸］
長度約30cm

110

Level ★★★★★

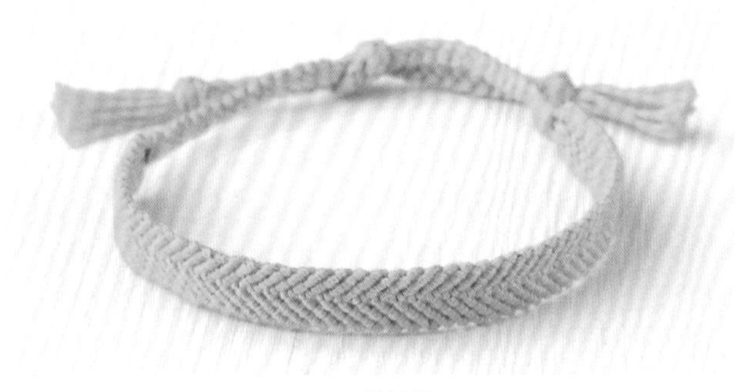

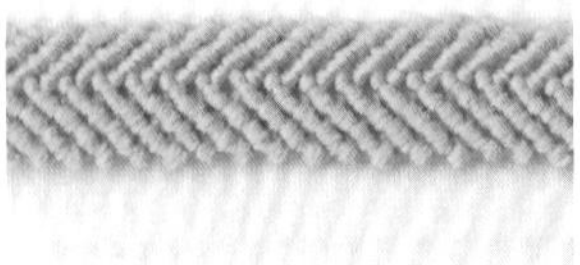

［材料］
Olympus 25號繡線
●：深黃色（546）100cm×8條

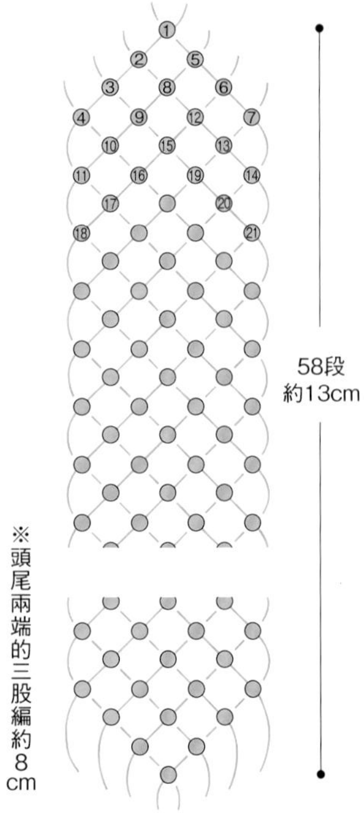

1 2 3 4 5 6 7 8 9 10 11 12 13 14 15 16 17 18 19 20 21
58段
約13cm
※頭尾兩端的三股編約8cm

110
［成品尺寸］
長度約29cm

111

Level ★★★★★

［材料］

Olympus 25號繡線

●：淺綠色（253）70cm×2條、110cm×6條

112

Level ★★★★★

［材料］

Olympus 25號繡線

●：深粉紅色（126）120cm×8條

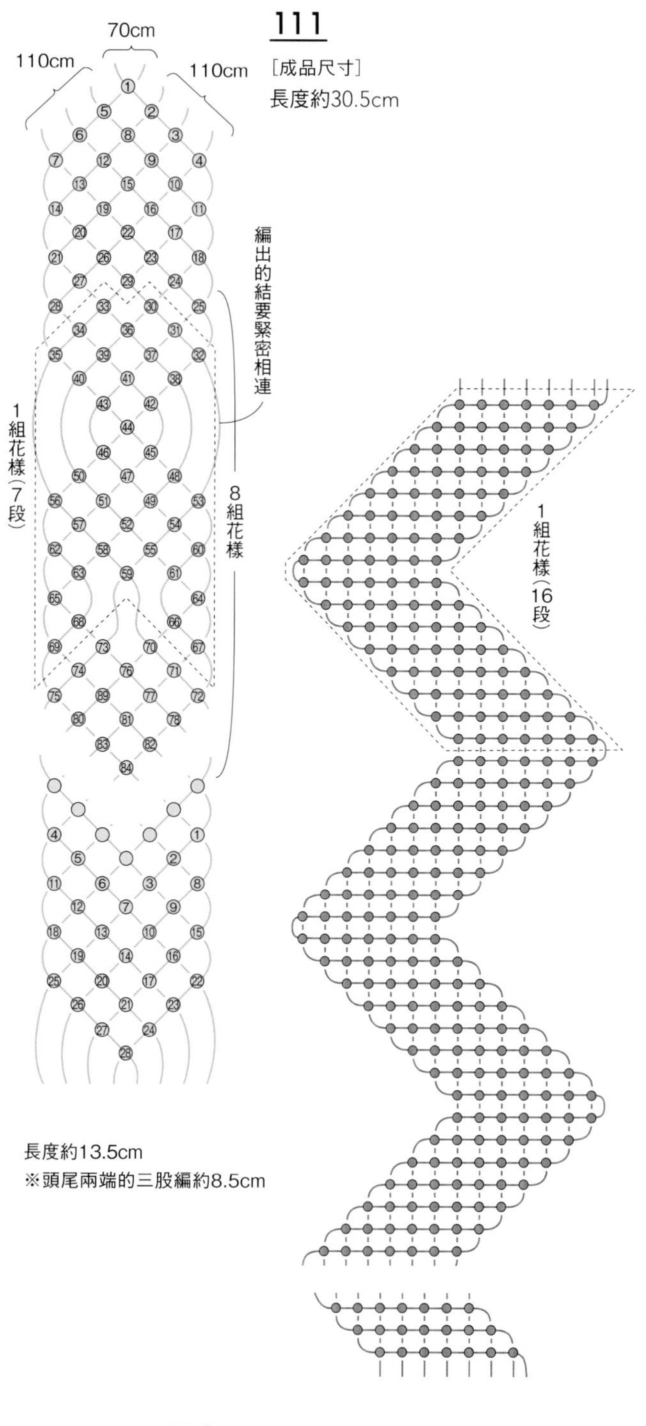

111

［成品尺寸］

長度約30.5cm

長度約13.5cm

※頭尾兩端的三股編約8.5cm

112

［成品尺寸］

長度約28cm

5組花樣

長度約12cm

※頭尾兩端的三股編約8cm

作品設計＆協助製作

井出智子、長村和栄、斉藤恵子、下村依公子、
神保裕子、鈴木聖羽、鈴木久美、高橋貞子、
塚田美穂、成川晶子、西脇美佐、浜田典子、
細野博美、和田信子

材料提供

●Olympus繡線
Olympus製絲株式會社
愛知県名古屋市東区主税町4-92
TEL:052-931-6679
http://www.olympus-thread.com/

●Cosmo繡線
株式會社Cosmo
大阪府大阪市淀川区西宮原1-7-51
TEL:0120-817-125（客服中心）
平日9:00～17:00（週六、日、假日除外）
http://www.lecien.co.jp/

●DMC繡線
DMC株式會社
東京都千代田区神田紺屋町13番地 山東ビル7F
TEL:03-5296-7831
http://www.dmc.com

日文版Staff

封面攝影：三輪友紀（スタジオダンク）
教學攝影：森谷則秋
設計：山田素子（スタジオダンク）
原稿整理＆謄寫：安藤能子
校正：大前かおり
編輯：加藤みゆ紀

攝影協助

AWABEES
東京都渋谷区千駄ヶ谷3-50-11
明星ビルディング5階
TEL:03-5786-1600

用品提供

Clover株式會社
大阪府大阪市東成区中道3丁目15番5号
TEL:06-6978-2277（客服部）

國家圖書館出版品預行編目資料

幸運繩帶編織112款：學會基本技巧就能變化出無限可能 / 日本VOGUE社著；梅應琪譯. -- 初版. -- 臺北市：臺灣東販, 2018.10
64面；21×23公分
ISBN 978-986-475-794-7(平裝)

1.編結 2.手工藝

426.4 107015005

SHISHUITO DE TSUKURU MISANGA ZUKAN (NV70482)

Photographers: Yuki Miwa, Noriaki Moriya
Originally published in Japan in 2018 by NIHON VOGUE Corp.
Chinese translation rights arranged through TOHAN CORPORATION, TOKYO.

學會基本技巧就能變化出無限可能
幸運繩帶編織 112 款

2018 年 10 月 1 日初版第一刷發行
2024 年 1 月 1 日初版第四刷發行
作　　者　日本 VOGUE 社
譯　　者　梅應琪
編　　輯　劉皓如
美術編輯　黃郁琇
發 行 人　若森稔雄
發 行 所　台灣東販股份有限公司
＜地址＞台北市南京東路 4 段 130 號 2F-1
＜電話＞(02)2577-8878
＜傳真＞(02)2577-8896
＜網址＞http://www.tohan.com.tw
郵撥帳號　1405049-4
法律顧問　蕭雄淋律師
總 經 銷　聯合發行股份有限公司
＜電話＞(02)2917-8022

Printed in Taiwan